KB116804

0~7세 공부 고민 해결해드립니다

0~7세 공부 고민 해결해드립니다

1판 1쇄 인쇄 2020. 11. 10
1판 1쇄 발행 2020. 11. 18

지은이 사교육걱정없는세상·베이비뉴스 취재팀 외 13인

발행인 고세규
편집 임여진·심성미 디자인 지은혜 마케팅 김새로미 홍보 박은경
발행처 김영사
등록 1979년 5월 17일 (제406-2003-036호)
주소 경기도 파주시 문발로 197(문발동) 우편번호 10881
전화 마케팅부 031)955-3100, 편집부 031)955-3200 | 팩스 031)955-3111

저작권자 ⓒ 사교육걱정없는세상·베이비뉴스 취재팀·최현주·양신영·이기숙·서유헌·
       이병민·김승현·정승훈·임재택·박창현·이남수·임미령·정윤경·김영훈, 2020

값은 뒤표지에 있습니다.
ISBN 978-89-349-8971-4 13590

홈페이지 www.gimmyoung.com   블로그 blog.naver.com/gybook
페이스북 facebook.com/gybooks   이메일 bestbook@gimmyoung.com

좋은 독자가 좋은 책을 만듭니다.
김영사는 독자 여러분의 의견에 항상 귀 기울이고 있습니다.

이 도서의 국립중앙도서관 출판시도서목록(CIP)은 서지정보유통지원시스템 홈페이지
(http://seoji.nl.go.kr)와 국가자료공동목록시스템(http://www.nl.go.kr/kolisnet)에서
이용하실 수 있습니다.(CIP제어번호 : CIP2020043533)

사교육 걱정 없는 세상을
위한 부모 안내서

0~7세 공부 고민 해결해드립니다

사교육걱정없는세상 · 베이비뉴스 취재팀 외 13인 지음

김영사

영유아 사교육, 불안 속에서 길을 찾다

부모가 된 기쁨과 감격은 말로 표현하기 어렵다. 처음 아이를 안아 보던 날 작은 손과 발을 만지며 다른 것들은 훌륭히 해내지 못했을지라도 너를 키우는 일만큼은 최선을 다하겠다고 다짐한다.

아이를 재우고 먹이고 입히고 키우는 일은 고되지만 뿌듯하다. 그런데 아이를 만난 기쁨도 잠시, 아이가 성장할수록 여러 고민과 불안이 찾아온다. 뒤집기가 느린가? 다른 아이들보다 작은가? 언어 발달이 지연되고 있나? 불안이 안개처럼 피어오른다.

영유아기를 지나 안정적으로 발달이 이루어진다 싶으면 다른 차원의 초조함과 조바심이 든다. 사교육을 받느라 일정이 빡빡하다는 옆집 아이, 외국어 습득에는 결정적 시기가 있어 하루라도 빨리 아이를 외국어에 노출시켜야 한다는 광고와 마케팅. 우리 아이만 아무것도 하지 않고 있다가 뒤처지는 경험 끝에 자존감이 낮은 아이가 되는 건 아닐까 걱정되고, 그 모든 것이 나쁘고 게으른, 혹은 무능력한 나를 만나서인 건 아닌지 불안하다.

아이를 키우는 일은 불안을 마주하는 일이다. 대한민국에서 사교육은 초저연령화되어 있다. 경쟁적인 사회에서 살아남기 위해서는 남들보다 무엇이든 더 잘하고 빨리해야 한다는 압박 때문이다. 900만 원이 넘는 영어 교재 전집을 사야 하나, 24개월 무이자 할부 결제가 되는 카드를 찾아 지갑을 뒤적이며 고민하는 일이 일상이 되어버린 상황에서 "아이에게 자유를 주고 싶다"는 소망은 조롱당하기도 한다. 아이에게 자유를 주는 것은 정말 요원한 일일까?

사교육걱정없는세상은 2013년 영유아사교육포럼을 발족하고 영유아 사교육의 실태와 원인에 대해서 심도 있는 연구를 진행해왔다. 103회 이상의 토론, 연구와 강연, 전문가 인터뷰를 통해 영유아 교육 정보의 허와 실을 정리했다. 무엇을 알게 되었을까? 아이의 시간에 여백을 주어야 한다는 말은 막연하고 한가한 소리가 아니었다. 아이에게 놀 시간을 충분히 주는 것이 아이의 발달과 성장에 유익하다는 말은 명확한 근거가 있는 사실이었다.

이와 같은 영유아 교육의 오해와 진실, 그간 밝혀낸 잘못된 사교육 정보를 정책 변화의 근거로만 둘 수 없었다. 정책입안자뿐만 아니라 아이를 키우는 모든 부모와 양육자와 공유하고자 〈안심해요,

육아!〉 소책자를 제작했다. 영유아 사교육에 관한 잘못된 정보 중에서 핵심을 추리고 대처법까지도 세심하게 다뤘다.

그러나 아쉬운 점이 있었다. 분량의 제약으로 수많은 근거와 자료를 상세하게 담아내지 못했던 것이다. 때마침 베이비뉴스 취재팀에서 연락이 왔다. 소책자에 짤막하게 조언해주신 전문가들을 심층 인터뷰하고 그 기사를 단행본으로 정리해 우리와 같은 영유아 부모들에게 더 많이 알리자는 내용이었다.

베이비뉴스 취재팀의 노력으로 2019년 9월부터 취재가 시작되었다. 소책자에 짧게 실렸던 내용은 12편의 심층 인터뷰가 되어 '세 살 사교육, 불안을 팝니다'라는 이름으로 이듬해 두 달간 베이비뉴스 홈페이지에 연재되었다.

인터뷰를 진행한 뒤 기사에 맞게, 또 단행본에 맞게 다듬는 일이 쉽지만은 않았다. 수십 년 동안 영유아 교육과 발달에 헌신한 연구자들을 찾아가 배움을 청하고 귀한 지식을 골랐다. 다양한 참여 주체들의 의견을 조율하고, 영유아 부모들이 쉽게 동의할 만한 문장과 서체와 톤으로 원고를 채웠다. 이 과정에서 밤을 지새우는 많은 고민과 선택이 있었다.

마침내 영유아 부모들의 불안과 걱정을 잠재울 수 있는 정보를 독자들이 접하기 쉬운 형식과 언어로 정리해 펴내게 되었다. 귀한 연구 결과를 나누어주신 인터뷰이와 베이비뉴스 취재팀, 사교육걱정없는세상의 담당 실무자와 연구원, 그리고 김영사 편집자들의 수고 덕분이다.

《0~7세 공부 고민 해결해드립니다》는 불안과 조바심으로 사교육을 강요당하는 부모들을 위해 영유아 교육 전문가들의 진심과 진실을 담은 책이다.

영유아 시기에 가장 중요한 것은 "어떻게 공부를 잘할 것인가"가 아니라 "어떻게 더 잘 놀 것인가"이며, 공부는 이후에 자연스럽게 따라오는 역량이라는 것을 깨닫는 순간 마음에 평화가 찾아올 것이다. 아이와 같이 뛰어놀고, 달래고 먹이고 겨우 씻기고 재운 후 이 책을 펼치는 부모들에게 이 책이 지금도 충분히 잘하고 있다는 격려가 되기를 소망한다.

사교육걱정없는세상 공동대표
정지현, 홍민정

차례

0~7세
**공부 고민
해결해드립니다**

영유아 사교육의 현위치

조기 사교육 문제의 해법을 찾아서

#사교육걱정없는세상
#자녀교육
#실태조사 #사회구조적문제

최현주
사교육걱정없는세상 영유아사교육포럼
부대표

2014년부터 사교육걱정없는세상 영유아사교육
포럼 연구원으로 일하면서 유아교육·보육 정책
개선과 아동권리 옹호 활동에 힘을 쏟았다. 여
러 정책 변화를 끌어냈으며, 현재는 기획지원실
로 자리를 옮겨 입시 경쟁과 사교육 고통을 해
결하기 위한 단체 활동을 지원하고 있다.

양신영
사교육걱정없는세상 정책대안연구소
선임연구원

학교 현장에서 학생들에게 국어를 가르치다가
사교육걱정없는세상을 만났다. 서울시 보육정
책위원회 위원, 경기도교육청 사교육정책자문위
원회 위원을 역임했고, 사교육걱정없는세상에서
영유아 사교육 실태를 조사하고 그 원인을 분
석해 대안을 제시하는 일에 힘쓰고 있다.

한 방송 프로그램에서 배우 A씨와 엄마 B씨가 자녀의 사교육 스케줄을 공개했습니다. 9세, 7세, 6세 세 아이는 '사교육 1번지'라고 불리는 서울 대치동에서 일주일에 무려 34개의 사교육을 받았습니다. 세 아이는 밥도 제대로 먹을 시간 없이 각각 10~14개의 사교육을 매일 소화해내고 있었습니다.

당시 방송에서 B씨는 자녀에게 공부 습관을 들이려다 욕심이 과해졌고 남들도 다 하니까 멈출 수가 없었다며, 사교육을 얼마나 시켜야 할지 모르겠다고 고민을 털어놨습니다. 그러면서 이보다 더한 아이들도 있다는 말도 했습니다. 본인의 아이들이 하는 건 대치동에서 겉핥기 수준이라는 것이었습니다.

하다 보니 욕심나고, 남들도 다 하니까 멈출 수 없는 사교육. B씨의 고민에 공감하는 부모도 많을 것입니다. 특히 최근 몇 년 사이 영유아 사교육 시장은 더 팽창하고 있습니다. 영유아 부모들이 사교육에 열을 올릴 수밖에 없는 이유는 무엇일까요? 그리고 해법을 찾기 위해 우리는 무엇부터 해야 하는 걸까요?

영유아 사교육의 실태와 인식

육아정책연구소가 2016년 발표한 〈영유아 사교육 실태와 개선방안 II : 2세와 5세를 중심으로〉 연구보고서에 따르면, 아동의 75.7%가 취학 전에 사교육을 시작했습니다. 취학 전 받은 사교육 종류는 영어와 운동이 가장 많았고, 이어 악기, 창의성, 학습지, 수학, 미술 순이었습니다.

2014년 사교육걱정없는세상과 유은혜국회의원실이 학부모 7,628명을 대상으로 조사한 결과에 따르면, 만 5세 유아의 일주일간 총 사교육 시간은 "1~3시간"(31.0%)이 가장 많았고, "3~5시간"(17.9%), "7시간 이상"(15.3%) 순이었습니다.

학부모들은 자녀의 사교육 정도에 대해 "적절한 편"이라고 생각하는 경우가 65.9%로 가장 많았고, "다소 부족한 편"이라는 응답도 30.1%를 차지했습니다. "다소 부족한 편"이라고 응답한 이유를 묻는 문항에는 "남들에 비해서 조금 시키고 있기 때문에"라는 응답이 73.6%로 월등히 높게 조사됐습니다.

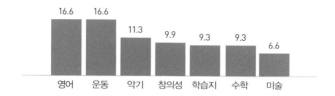

7세 이하 아동이 받는 상위 7개 사교육(중복응답, 단위: %)

영어	운동	악기	창의성	학습지	수학	미술
16.6	16.6	11.3	9.9	9.3	9.3	6.6

　　결국 많은 부모가 '주변의 시선'을 기준으로 삼는다는 것입니다. 내 아이에게 어떤 학습이 얼마나 필요한지 고려하기보다, 다른 아이보다 얼마나 적게 하고 있는지를 먼저 생각하지요. 그 학습을 다른 아이보다 한 살이라도 어릴 때 시켜야겠다는 심리 때문에 사교육을 시작하는 연령 또한 계속 어려지고 있습니다.

팽창하는 영유아 사교육 시장

덕분에 영유아 사교육 시장은 해를 거듭할수록 성장하고 있습니다. 2013년부터 2017년까지 육아정책연구소가 매년 발표한 〈영유아 교육·보육 비용 추정연구〉 보고서에 따르면, 2017년 영유아 1인당 월평균 사교육비는 11만 6,000원, 연간 총액은 3조 7,397억 원으로, 2016년 대비 2.7배가 오른 것으로 '추정'됐습니다.

　　그렇다면 영유아 사교육 시장의 규모는 '정확히' 얼마나 될까요? 안타깝게도 정부조차 파악하지 못하고 있습니다. 교육부와 통

영유아 사교육비 연간 총액

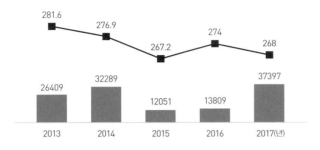

■ 전체 영유아 수(만 명) ■ 영유아 사교육비 연간 총액(억 원)

281.6
276.9
267.2
274
268

26409
32289
12051
13809
37397

2013   2014   2015   2016   2017(년)

육아정책연구소 〈영유아 교육·보육 비용 추정연구〉, 사교육걱정없는세상 교육통계센터 재구성

계청은 급증하는 영유아 사교육비에 대해 2017년 시험조사를 거쳐 2018년부터 본조사를 하겠다고 약속한 바 있습니다. 하지만 시험조사 결과는 발표되지 않았고, 본조사 실시 계획도 나오지 않고 있지요.

현재까지는 육아정책연구소의 〈영유아 교육·보육 비용 추정연구〉 보고서가 영유아 사교육비를 간접적으로나마 알 수 있는 유일한 지표입니다. 하지만 그것도 2017년 이후 발간이 중단됐습니다.

파악조차 어려운 영유아 사교육 실태

양신영: 영유아 사교육 시장 규모를 정부가 제대로 조사한 적도 없다는 점은 놀랍습니다. 그런데 더 놀라운 건, 영유아 사교육

에 대한 개념도 명확하지 않다는 거예요. 육아정책연구소에서는 영유아 사교육비 추정연구를 하면서, 2014년까지는 어린이집과 유치원 특별활동비를 포함해서 집계했습니다. 그런데 2015년부터는 이것들을 제외하고 조사했습니다.

어디까지가 사교육인지 개념도 명확하게 세워놓지 않다 보니 조사를 하면서도 이랬다저랬다 하는 겁니다. 심지어 특별활동비를 제외하고 조사했는데도 2017년에는 영유아 사교육비가 폭증한 것으로 조사됐습니다.

사교육걱정없는세상은 정부가 매년 영유아 사교육비 실태조사를 해야 한다고 요구해왔습니다. 정부의 약속대라로면 이미 조사가 진행됐어야 하지만, 교육부를 통해서 확인한 바로는 '논의 중'이라는 답변만 들을 수 있었습니다. 영유아 사교육비의 심각성을 인지하고 있는데도 해결 의지가 보이지 않아 안타깝습니다.

해외에서는 찾아보기 어려운 '영유아 사교육'

최현주: 대부분의 나라에는 우리와 같은 방식의 영유아 사교육이라는 개념 자체가 없습니다. 한번은 싱가포르 TV와 인터뷰를 한 적이 있는데, '영유아 학원'이라는 표현을 이해하지 못했습니다. 취학 전 아이들이 '학원'을 다닌다는 것에 많은 놀라움을 표하더라고요.

지난해 유엔아동권리위원회에서도 강력하게 지적한 바 있듯이, 영유아 사교육은 사실상 우리나라만의 고유한 현상이라 할 수 있습니다. 정말 우리나라와 같은 과열된 사교육이 슈퍼 인재를 길러낸다면 따라 하지 않을 나라가 없겠죠. 하지만 어느 나라도 이렇게 하지 않습니다.

양신영: 영국 일간지 〈가디언〉 취재진이 한국의 교육 문제를 취재하러 온 적이 있는데, 영유아에게 사교육이 이뤄진다는 것을 이해하지 못한 거예요.

부모 주머니에서 돈이 나가는 교육은 모두 사교육으로 봐야 하는데요, 우리나라 학습지 시장은 심지어 태아까지 타깃으로 삼습니다. 태교 영어 교재가 나와 있으니까요. "지금 시작하지 않으면 늦습니다!" 하고 불안을 부추기는 사교육 시장의 노골적인 광고가 태교 사교육까지 선택하게 만듭니다.

아동의 인권을 침해하는 조기 사교육

1989년 채택된 유엔아동권리협약은 생존·보호·발달·참여를 핵심으로 한 아동의 기본권과 국가의 의무를 규정하고 있습니다. 한국은 1991년 이 협약을 비준했으며 협약에 관한 이행 상황을 유엔아

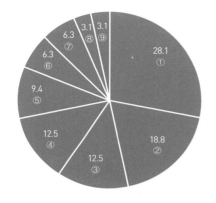

자녀의 사교육에 대한 부모의 동기(단위: %)

① 열등감, 불안감에 따른 보상심리
② 성취욕구
③ 자녀의 성취를 통한 대리만족
④ 맞벌이에 대한 죄책감
⑤ 과잉 기대
⑥ 자녀가 인정받기를 바라는 마음
⑦ 부모의 무기력으로 인한 사교육 의존
⑧ 타인과의 비교
⑨ 자녀의 강점을 살려주기 위해

동권리위원회에 보고해야 합니다. 서울시의 '어린이·청소년 인권조례' 역시 지나친 경쟁에 내몰리지 않을 권리, 놀이 여가 휴식권 및 수면권, 지나친 학습부담에서 벗어날 권리를 적시하고 있습니다.

과도한 사교육은 아동권리 침해 문제까지 야기합니다. 특히 한국의 현실은 국제적으로도 그 심각성이 두드러집니다. 유엔아동권리위원회는 지난해 9월 27일 대한민국 국가보고서 심의에 따른 '최종견해'를 통해 "유치원에서 시작되는 사교육 의존의 지속적인 증가"에 대해 "심각하게 우려한다"고 밝힌 바 있습니다.

이렇게 불명예스러운 '우려'까지 불러일으키면서 영유아기부터 사교육에 열을 올리는 원인은 뭘까요? 육아정책연구소가 2016년 발표한 〈영유아 사교육 실태와 개선방안 II: 2세와 5세를 중심으로〉 연구보고서에 따르면, 미취학 자녀의 사교육에 대한 부모의 동기는

"열등감, 불안감에 대한 보상심리"가 가장 높았습니다. 다음으로는 "강한 성취 욕구", "자녀 성취를 통한 대리만족", "맞벌이에 대한 죄책감", "자녀에 대한 과잉 기대감" 순이었습니다.

연구보고서는 학부모 몇 명의 인터뷰 사례를 제시했습니다.

> – 우리 아이만 많은 양의 공부를 하는 게 아니잖아요. 이렇게 공부해도 대학을 못 갈 수도, 취업을 못해 먹고살기 힘들 수도 있잖아요.
>
> – 제가 병원 갈 때마다 의사 선생님을 보면서 하얀 가운이 그렇게 멋지다고 생각했어요. 우리 남편도 나도 고등학교만 나왔잖아요. 돈도 없었지만 공부를 못하기도 했죠. 그런데 우리 아들이 똑똑하다잖아요. 우리 집에 '사짜' 아들 하나 나오면 제가 소원이 없겠어요. 제가 왜 그 많은 돈을 애한테 투자하겠어요?
>
> – 지금 애가 자신감 없이 저렇게 말도 안 하고 그래도, 공부를 어느 정도 하고 뭔가 특출난 게 있으면 친구들이 붙겠죠. 솔직히 지금보다 초등학교가 걱정이에요. 초등학교 가면 애가 잘 적응하려나, 그런 생각 때문에 지금 시키는 거예요.

이들 사례에서도 미래에 대한 불안이 영유아 사교육의 원인임을 확인할 수 있습니다. 양육자의 죄책감을 사교육으로 보상하고자 하는 특징도 보입니다. 또한 유아기 교육에 따라 초등학교 이후 학업의 성패가 갈린다고 보는 시각과, 좋은 성적은 긍정적인 또래관계로 연결될 것이라는 사고도 확인할 수 있습니다.

하지만 영유아 사교육의 원인을 부모의 '마음' 속에서만 찾는 것은 반쪽짜리 분석일 뿐입니다. **부모들의 마음속에서 불안이나 죄책감이 자리 잡게 된 원인이 우리 사회의 '구조' 속에 숨어 있기 때문입니다.**

영유아 사교육을 유발하는 사회 구조

양신영: 요즘 아이들은 사립초등학교에 가기 위해서 이른바 '영어유치원', 즉 유아 대상 영어학원을 다니고, 좋은 학군에 있는 중·고등학교를 가기 위해, 또 최종적으로는 명문대학교에 입학하기 위해 사교육을 받습니다.

명문대학교에 들어가려는 이유는 노동시장의 현실과 연결돼 있습니다. 화이트칼라와 블루칼라, 전문직과 일반직, 정규직과 비정규직 등 노동의 종류와 형태에 따라 임금격차가 너무 크기 때문이지요. 취업시장에 진입할 때 학력과 학벌에 따른 차별이 극심하고, 대학은 촘촘하게 서열화돼 있는 것이 현실입니다.

그렇기 때문에 부모들은 적어도 국·영·수 주요 교과목에 대해서는 한 살이라도 어릴 때 대학 입시를 대비하지 않으면 안 된다는 생각을 합니다. 사회구조적인 원인이 사교육을 결정하는 데 강력하게 작용하는 것입니다.

심리적인 원인도 있습니다. 사교육 시장에서 업체 간 경쟁을 위해 '불안 마케팅'을 계속 강화하거든요. 유아교육 박람회에서도 거대한 사교육 홍보의 장이 열리고 있습니다. 그런 것들을 접하다 보니 다른 아이보다 우위를 점하고 싶은 심리뿐 아니라, 우리 아이만 뒤처질까 걱정하는 방어적 심리 때문에 사교육을 선택하기도 합니다.

또 하나, 돌봄과 결합되는 문제도 있습니다. 사교육이 돌봄 공백을 메꾸는 기능을 담당하고 있는 거지요. 특히 방과 후 돌봄이 해결되지 못하면, 이른바 '학원 뺑뺑이'를 돌려서 해결하는 경우가 많습니다.

근본적으로 우리 사회는 개인에게 어떤 것도 보장해주지 않습니다. 실패를 용납하지 않는 사회, 한 번 실패하면 완전히 나락으로 떨어진다는 인식이 만연합니다. 그런 구조적 원인이 아주 크다고 봅니다.

부모의 불안에서 자라나는 사교육

최현주: 많은 부모는 "내 아이가 커서 뭘 해서 먹고살 수 있을까"라는 불안감이 아주 큽니다. 우리나라는 심각한 저출생으로 인한 학령인구 감소 때문에 중·고등학교 사교육 시장이 쪼그라들었습니다. 그렇다 보니 성인을 위한 사교육 또는 영유아 사교육으로 시장의 관심이 옮겨가고 있지요.

지금 30~40대 젊은 부모들은 대개 사교육을 받고 자란 세대이기 때문에 사교육에 지나치게 익숙합니다. '사교육 없이 애를 어떻게 키우는지 모르겠다'라는 생각에, 자신의 사교육 경험을 자녀에게 투영하는 경우가 많습니다. 자녀 수도 많아야 두 명 정도라, 사교육에 '올인'할 수 있는 자금력도 있는 상황입니다.

또 아이를 낳고 경력단절로 전업주부가 된 경우, 회사에서 일하는 것처럼 전투적으로 아이를 키우는 경우가 많습니다. 온갖 교재·교구를 집에서 전부 만듭니다. '엄가다(엄마 노가다)'라는 말이 있을 정도입니다. 열심히 공부하고, 또 열심히 일했던 사람들이 아이 역시 얼마나 열심히 키우는지 보면 놀라울 정도입니다.

영유아 사교육의 최고봉, 영어

영유아 사교육 시장에서도 가장 큰 비중을 차지하고 있는 것은 역시 '영어'입니다. 영어교육 시작 연령 역시 계속해서 낮아지고 있다. 영어 조기교육 열풍을 대표하는 것은 바로 흔히 '영어유치원'이라 불리는 유아 대상 영어학원입니다.

양신영: 유아 대상 영어학원에는 크게 3가지 문제가 있습니다. 첫 번째는 **비용**입니다. 2019년 사교육걱정없는세상이 서울 소재 유아 대상 영어학원의 교육비를 조사한 결과 4년제 대학 등록금의 평균 1.9배에 이르는 것으로 조사됐습니다.

최고액은 월 224만 원이었지만, 비공식적으로는 월 400만 원대 교육비를 내야 하는 유아 대상 영어학원도 있습니다. 만약 유아 대상 영어학원에 이어 사립초등학교까지 다닌다면, 초등학교 졸업 전까지 학원비와 학비만 약 1억 3,000만 원이 드는 셈이에요.

두 번째 문제는 **교육과정**입니다. 너무 어려운 내용을 선행학습으로 배우고 있다는 거지요. 실제로 유아 대상 영어학원에서 사용하는 교재 가운데 중학교 1학년 수준보다 더 높은 것도 있었습니다.

마지막 세 번째는 **학습량**입니다. 유아 대상 영어학원은 교육 내용이 너무 어려운 것은 물론, 유아기에 맞지 않는 과도한 학습량으로 아동에게 부정적인 영향을 주지요. 유아기에 수학, 과학, 미술 등 여러 과목을 촘촘한 시간표에 따라 분절적으로 학습하는 것은 발달단계상 맞지 않습니다. 그런데 아이들의 총 교습시간이 중학교 1학년과 맞먹을 정도예요.

한편, 고액 유아 대상 영어학원은 서울 강남 지역을 중심으로 크게 늘어나고 있습니다. 놀이를 통한 교육을 표방하는 '놀이학원' 역시 절반가량이 영어를 가르치고 있었지요.

실제로 2014년 사교육걱정없는세상과 유은혜국회의원실이 유치원 원장 79명을 대상으로 영어교육 실시 여부를 조사한 결과, 72.7%가 영어교육을 하고 있었습니다. 국공립유치원은 42.9%, 사립유치원은 83.9%였습니다. 특히 사립유치원은 "학부모들의 요구 때문에" 영어교육을 하는 경우가 많은 것으로 나타났습니다.

근거 없는 홍보가 넘치는 영유아 사교육 시장

"한 살이라도 더 어릴 때 사교육을 시작해야 효과적이다"라는 인식이 학부모들 사이에 널리 퍼진 데는, 영유아 사교육 시장의 홍보 논리가 부모들의 불안과 욕심을 적절히 자극해온 까닭이 큽니다.

2017년 사교육걱정없는세상이 영유아 교재·교구 업체 40여 곳의 온라인 홍보물을 분석한 결과, 5곳의 업체에서 과학적 근거가 없는 '뇌과학' 이론을 인용해 상품을 홍보하고 있었습니다. "영유아기에 지능 발달이 급격히 진행된다", "만 3세 때 뇌의 80% 이상이 형성된다" 등의 문구가 대표적입니다.

실제로 한 유아놀이교육 업체는 "아기에게 첫 3년 동안 교육환경과 다양한 경험은 지능과 인격형성에 있어 매우 중요하다", "아기들은 0세에 가까울수록 무한능력의 천재성을 갖는다, 그러나 시간이 지남에 따라 그 놀라운 천재성도 점점 줄어들어 고정된다" 등의 내용으로 홍보를 하고 있었습니다.

또 서울에서 열린 한 유아교육 박람회 현장에서도 "유아기 때 두뇌의 90%가 완성, 지금부터 1%의 두뇌를 만드는 방법은?", "0~8세, 두뇌발달의 80%가 결정되는 시기" 등의 홍보 문구가 쉽게 목격됐습니다.

영유아 사교육 허위·과장 광고가 사라지지 않는 원인

최현주: 부모의 불안을 조장하는 광고가 왜 사라지지 않을까요? 간단합니다. 그렇게 하면 팔리기 때문입니다. 부모들이 믿으니까요. 이탈리아의 교육학자이자 의사인 마리아 몬테소리Maria Montessori가 살아 있어서 한국에서 자기 이름이 어떻게 쓰이는지 봤다면 아마 뒷목을 잡고 쓰러졌을 겁니다. 사교육 시장에서 몬테소리 이론을 너무 왜곡해서 쓰고 있으니까요.

몬테소리는 장애아동을 교육하셨던 분입니다. 나뭇조각만 있으면 할 수 있는 단순한 교육으로, 비싼 교재·교구를 살 필요가 없지요. 몬테소리가 "이걸 하면 수학을 잘할 수 있다"고 이야기한 적도 없습니다. 영유아기는 통합적으로 자유롭게 노는게 중요한데, 이걸 사교육 시장은 계획화하고 구조화해서 판매합니다.

또 사교육 시장에서 대표적으로 사용하는 홍보 논리로 "3세 이전에 뇌 발달이 완성된다"는 '3세 신화'를 사용하고 있습니다.

하지만 2007년 OECD의 〈뇌에 관한 8가지 신화 Understanding the Brain: The Birth of a Learning Science〉 보고서는 "3세 무렵에 뇌의 모든 것이 결정된다", "배움에는 결정적 시기가 있다" 등의 가설을 '잘못된 신화'라 지적한 바 있습니다.

물론 3세라는 나이가 결정적인 시기가 맞긴 합니다. 다만 학습적으로 결정적 시기라는 말이 아니라, 신뢰나 애착을 만드는 데 있어서 결정적 시기라는 말입니다. 어느 유아교육 서적에도 이때 학습능력을 발달시키라는 말은 없습니다.

양신영: 사교육 불안을 가중시키는 데 연예인들의 영향도 막강합니다. 방송 프로그램에 나오는 사례들이 굉장히 극단적이거든요. 삼남매 사교육이 34개씩 된다고도 하고, 아이들이 다니는 학원 이름도 다 노출되지요. "남들은 저 정도로 하는데 우리 아이는…" 하는 불안감을 증폭하는 데 일조합니다.

어떤 방송 프로그램에는 자기 자녀를 사교육으로 유명 대학에 보낸 엄마가 '입시전문가'라는 이름으로 나옵니다. 또 부모 대상 교육법 강연을 한다고 해서 가보면 사교육 상품과 연관시키는 강연이 많아요. 정신과 의사들의 발언이 본인도 모르는 사이에 사교육 홍보 문구로 인용되는 경우도 흔합니다.

미디어로 퍼지는 왜곡된 정보

최현주: 영유아 사교육 시장은 지나치게 빠르게 변하고 있습니다. 부모의 요구도 수시로 변하고, 입시제도도 너무 자주 변하죠. 요즘은 SNS에서 자신의 사교육 경험을 이야기하면서 여러 부모에게 영향력을 행사하는 사람들도 많습니다. 이른바 "내 아이를 이렇게 키웠는데, 이런 교재를 썼어"라고 홍보하는 식입니다.

제가 최근에 SNS에서 본 충격적인 사례가 있어요. 초등학생 자녀가 있는 분인데, 자녀가 작성한 메모를 SNS에 올렸습니다. "책을 더 많이 읽으려면 어떻게 해야 할까?"라고 딸에게 질문했는데, 아이가 "노는 시간을 줄인다"라고 써놓은 거예요. 거기 "아이가 똑똑하네요", "역시 누구 아이는 다르네요"라는 댓글이 달립니다.

요즘 SNS에서 유행하고 있는 것은 영어도서관의 SR$_{STAR}$ Reading(영어 독서수준 진단) 프로그램입니다. 많은 부모들이 아이에게 SR포인트를 쌓게 하고, 등급을 올리는 데 열을 올리고 있습니다. 여기서 받은 영어 등급이 다른 유아 대상 영어학원의 레벨 테스트에 유효하다는 식의 홍보가 부모들한테 먹히고 있는 거지요.

영유아 사교육의 구조적 대책

|

지금까지 사교육의 '구조적' 원인을 강조한 만큼, 대책 역시 사회구조적으로 찾아볼 필요가 있습니다. 2016년 육아정책연구소가 발표한 〈영유아 사교육 실태와 개선방안 II: 2세와 5세를 중심으로〉 연구보고서는 5가지 정책 방안을 제시했습니다.

—— **영유아 사교육 실태 개선을 위한 정책 방안**

▲ 지나치게 긴 영유아 교육시간을 줄여 놀 권리와 하루 일과의 균형을 보장하는 것.

▲ 부모가 보상심리에서 벗어나 건전한 교육철학을 가지고 아이의 성향과 기질에 따라 적정한 교육을 시키는 것.

▲ 부모교육을 통해 부모가 영유아기는 충분한 수면과 영양, 친구들과 바깥에서 충분히 뛰어놀 시간을 확보하는 것이 중요한 발달과업이라는 점을 이해하게 하는 것.

▲ 공교육의 질 제고를 통해 공교육을 담당하고 있는 유치원과 어린이집에서 학부모의 욕구를 다양한 형태로 흡수해주는 것.

▲ 지역사회 인프라 구축을 통해 지역사회 내 돌봄과 교육의 협력 체계를 강화하는 것.

사교육걱정없는세상은 '영유아인권법(아동인권법)' 제정을 통해 과도한 영유아 사교육을 규제하고 아동의 놀 권리를 보장하자는 입법 제안을 한 바 있습니다. 정부도 2017년 대통령선거 당시 공약으로 영유아인권법 제정을 약속했지만, 현재까지 정부 차원의 입법 움직임은 전혀 눈에 보이지 않는 상황입니다.

영유아 사교육 문제를 해결하기 위한 우리 사회의 역할

최현주: "사교육은 안 좋은 거니까 무조건 하지 마" 해서 해결될 문제가 아닙니다. "부모가 괜히 불안해서 그러는 거야!"라고 부모를 탓해서 될 일도 아닙니다. 어쩔 수 없이 사교육을 선택하게 하는 근본적인 원인을 해결해야 하지요. 그리고 우리 사회가 그 방법을 찾는 과정에서 가장 중요하게 견지해야 할 것은 바로 '아동의 권리'에 대한 분명한 관점입니다.

　　우리나라는 노동시간은 너무 길고, 집값은 너무 비쌉니다. 직장이 서울에 있어도 직장 가까이 집을 얻을 수 없어서 장거리 통근을 하는 사람들이 많지요. 회사에서 야근 없이 일한다 해도 점심시간까지 9시간, 출퇴근길에서 3시간을 보내면 아이와 놀고 싶어도 놀 시간이 없고, 그럴 체력도 안 됩니다.

　　그런 **부모들이 어쩔 수 없이 사교육을 선택하고 문화센터를 찾아가는 이유를 알아야 합니다.** 근본적으로 좋은 일자리가 있어야 하고, 좋은 환경이 있어야 합니다.

그리고 모든 아이에게 특별함이 꼭 필요한가요? 특별한 재능이 없는 아이들은 우리 사회에서 어떻게 살아가야 할까요? **대부분의 아이들은 한 분야에 대한 특별함 없이 평범하게 살아갈 것입니다. 하지만 그런 삶도 나쁘지 않은, 그렇게 살아도 괜찮은 사회를 만들어줘야 합니다.**

부모 역시 아이에게 "특별하지 않으면 뒤처질 거야!"가 아니라 "평범해도 괜찮아"라고 이야기해주는 부모가 되는 게 중요합니다. 아이들을 그들의 관점으로 바라봐주고 지켜주겠다는 사회적 합의가 필요합니다.

학계에도 제 목소리를 내는 전문가들은 거의 없습니다. 바른 소리는 재미가 없지요. 부모들이 듣고 싶어 하는 이야기는 "어떻게 하면 경쟁에서 이길 수 있을까" 하는 이야기뿐입니다. 양심 있는 전문가들이 소신껏 이야기해도 부모들에게는 조미료 없는 음식처럼, 몸에는 좋지만 맛은 없는 음식처럼 느껴질 것입니다.

자격 없는 전문가들이 부모들을 현혹하지 않도록, 전문가들의 견해가 사교육 시장에 의해 왜곡되지 않도록, 학자적 양심에 따라 소신껏 발언할 수 있게 학계 분위기가 바뀌는 것이 중요하다고 봅니다. 영유아 사교육 현실을 변화시키려면 시민사회의 움직임만으로는 부족합니다. 언론과 학계 모두 바뀌어야 합니다.

새로운 교육을 위한 정치권의 역할

최현주: 정치권에서도 새로운 입법이나 규제 마련이 필요합니다. 300명의 국회의원 중에 오로지 아동에게만 집중하고 아동의 권리를 옹호하는 국회의원이 한 사람은 있어야 하지 않나 싶습니다. 국회에는 여러 계급이나 계층, 집단의 이익을 대변하는 사람들이 모여 있지만, 아동의 권리를 대변해주는 분들은 없잖아요. 그런 국회의원이 나와준다면 상황이 조금은 개선되지 않을까 싶습니다.

　저희(사교육걱정없는세상)가 제안한 '영유아인권법(가칭: 놀 권리 보장 및 과잉 학습 예방에 관한 특별법)' 안에 학원의 교습시간에 대한 규제 조항이 있습니다. 영유아에 대해서, 한 기관에서 일정 시간 이상 수업을 하지 못하게 하는 방식입니다. 영유아 사교육의 심각성에 대한 사회적 공감대가 확인된다면, 영유아 대상 교습시간에 대한 사회적 합의만큼은 분명히 시도해볼 만하다고 생각합니다.

_취재: 이종삼 · 최규화 기자

조기교육을 하지 않으면
우리 아이만 뒤처지잖아요

조기교육보다 중요한 적기교육

#불안 #적기교육
#영어유치원 #부모수업

이기숙
이화여자대학교 유아교육과 명예교수

현장과 학계를 아우르며 활동해온 유아교육 전
문가. 이화여자대학교 유아교육과에서 40여 년
동안 교수로 재직하면서 이화여자대학교 부속
유치원·어린이집 원장을 역임했다. 저서로 《적
기교육》이 있다.

먼저 출발한 아이가 반드시 먼저 도착하지는 않습니다. 제때 출발한 아이가 제때 도착하지요.

그런데 사교육을 시작하는 연령이 점점 더 낮아지고 있습니다. 만 2세 이하에서 한글을 공부하는 아이만 해도 63%에 이른다고 해요. 정말 걱정스럽습니다. 한글만이 아닙니다. 종합학습지로 공부하는 아이들도 5명 중 1명꼴입니다. 부모들이 기저귀를 찬 아이를 문화센터에 데려가서 한글과 외국어를 익히게 하고, 이제 막 걸음마를 시작한 아이들이 학습지로 숫자를 배우는 것이 너무나 당연한 풍경이 되어버렸습니다.

우리나라 영유아 사교육 현실은 교육열이 높기로 유명한 가까운

동아시아 국가들과 비교해도 심각한 수준입니다. 연구진과 함께 영유아 사교육 공동 연구를 하며 겪은 웃지 못할 해프닝도 있었지요. 한국 연구진이 '학습지'를 사교육의 한 형태로 넣자고 제안했는데 다른 나라 연구진들이 이해하지 못하는 거예요. 학습지, 우리나라에서는 참 흔하지 않나요?

그런데 중국과 일본 같은 나라에서는 학습지 개념이 생소하기도 할뿐더러, 다른 나라에서는 유아에게 학습지 형태의 사교육을 거의 시키지 않기 때문에 일어난 작은 사건이었지요. 또 공동 연구 결과 한국, 중국, 일본, 대만 중 우리나라 유아들이 가장 많은 학습을 하고 있다는 결론을 얻었습니다.

이렇게 사교육의 '광풍'이 몰아치는 사이 조기교육의 개념도 변질됐습니다. 과거에는 초등학교 입학 전 유아기에 맞는 '학령 전 교육'이라는 의미로 조기교육이란 말이 사용됐지만, 지금은 오직 '선행학습'이라는 의미로 탈바꿈했습니다.

사교육은 성적을 올리지 않는다

조기교육을 시키지 않으면 정말 아이 성적이 뒤처질까요? 그런 질문을 수도 없이 받아오다가, 유아기 선행학습이 초등학교 학습능력에 미치는 영향을 직접 연구해보기로 했습니다. **조기 사교육이 학습에 효과적이라는 연구 결과는 어디에도 없었기 때문**입니다.

—— 영유아 조기교육의 실태

육아정책연구소의 〈영유아 교육·보육 비용 추정연구〉 발표에 따르면 2017년 영유아 1인당 월평균 사교육비는 11만 6,000원, 연간 총액은 3조 7,000억 원 규모다.

2014년 사교육걱정없는세상과 유은혜국회의원실이 학부모 7,628명을 대상으로 조사한 결과는 점점 더 낮아지는 조기교육 연령을 보여준다. 만 3세에 영어교육을 처음 시작한 경우가 현재 고등학생 중에서는 3.2%에 불과했으나, 현재 유아 중에서는 35.3%에 달했다. 약 10년 사이에 11배 이상 늘어난 셈이다.

《적기교육》(글담, 2015)에 소개된 이 교수의 해당 연구 결과를 보면,• 한국 유아들의 조기·특기 활동 중 상위 1~3위는 한글 (39.2%), 영어(33.0%), 수학(31.4%) 순이었다. 4개국 모두 영어와 예체능 관련 활동이 많이 이뤄졌으나, 한국은 특히 이른바 '국· 영·수' 학습과 관련된 활동의 비중이 상당히 높았다.

• 이기숙, 손수연, 〈한국·중국·일본·대만 유아의 일상생활 비교〉, 《유아교육연구》 32(2): 49~71, 2012

읽기 능력과 어휘력 관련 사교육을 받은 만 5세 집단과 사교육을 받지 않은 만 5세 집단을 비교 연구했는데, 이 아이들이 초등학교 1학년이 됐을 때 확인한 결과 독해력·논리력·맞춤법·오자·관련 단어 찾기의 5영역 모두 두 집단 사이에 별다른 차이가 없었습니다.•

그뿐인가요? **조기 사교육을 받은 집단과 받지 않은 집단의 국어 평균점수는 49.25점 대 50.86점으로 오히려 사교육을 받지 않은 아이들의 점수가 더 높았습니다.** 영역별 평균점수 역시 조기 사교육을 받지 않은 집단의 점수가 최소 0.79점(관련 단어 찾기)에서 최대 2.74점(독해력)까지 모두 근소하게 높았지요.

두 집단이 초등학교 3학년이 됐을 때도 읽기 이해 능력(사실적 이해·추론적 이해·비판적 이해)과 어휘력 검사를 시행했습니다. 결과는 달라지지 않았습니다. 두 영역 모두 조기 사교육을 받지 않은 집단의 평균점수가 더 높게 나왔습니다.••

왜 이런 결과가 나왔을까요? 가장 큰 이유는 '가, 나, 다, 라' 식의 단순 기계적 문자해독은 국어의 독해력과 이해력에 큰 영향을 미치지 못하기 때문입니다. 국어는 문자해독이 전부가 아닙니다. 문장을 이해하고 그 내용의 흐름을 파악할 수 있어야 합니다. 단순 문자

• 이기숙·김순환·김민정, 〈유아기의 기본적인 언어능력이 초등학교 1학년 국어 학력과 어휘에 미치는 영향〉, 《유아교육연구》 31(5): 299-322, 2011

•• 이기숙·김순환·정종원·김민정, 〈만 5세 읽기능력, 어휘력 및 개인·환경 변인에 따른 초등학교 3학년 읽기이해능력과 어휘력〉, 《유아교육연구》 33(4): 363-384, 2013

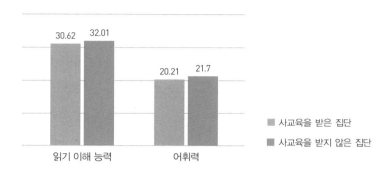

조기 사교육 여부에 따른 초등학교 3학년의
국어능력평가 평균점수 비교(단위: 점)

30.62 32.01

20.21 21.7

■ 사교육을 받은 집단
■ 사교육을 받지 않은 집단

읽기 이해 능력   어휘력

해독을 빨리 한다고 해서 독해력과 이해력이 향상되지는 않습니다. 기역, 니은, 디귿 같은 철자를 익히기보다는 이야기, 문장, 사물의 단어를 많이 경험하는 것이 훨씬 효과적입니다.

사교육 안 받은 아이가 공부를 더 잘하는 이유

다시 생각해보아도 정말 놀라운 연구 결과입니다. 모든 영역에서 조기 사교육을 받지 않은 집단의 평균점수가 더 높았잖아요. 사실 사교육을 많이 받은 아이들은 시간이 지날수록 산만해지는 경우가 많습니다. 왜냐하면 자신은 흥미도 없는데 부모나 선생님이 시키니까 어려워도 찔끔찔끔 억지로 할 뿐이거든요.

이런 아이들은 스스로 몰입해서 하는 게 아니므로 집중력이 떨어집니다. 그러다 보니까 산만함이 습관이 되어버려요. 사교육을 많이

한 아이들은 그렇지 않은 아이들에 비해서 모든 것에 대한 흥미가 적습니다. 그런데 우수한 아이들의 특징은 몰입을 잘한다는 점이거든요. 스스로 몰입하고 집중할 줄 아는 아이들이 학습효과도 좋습니다.

아이의 자신감을 꺾는 조기교육

사실 **조기교육 때문에 가장 문제가 되는 건 학습능력보다 아이들의 자신감 상실입니다.** 자신감 상실은 요즘 아이들의 공통적인 특징이에요. 요즘은 아이 하나 키우는 부모들이 많잖아요. 모든 재정적 지원을 한 아이에게 집중하기 때문에 아이가 자신감이 넘칠 거라고 생각하지만 현실은 그 반대입니다.

조기 사교육을 많이 받은 아이들은 자신감이 점점 더 없어집니다. 자기가 스스로 할 수 있는 게 없거든요. 항상 남과 비교하는 시선에 익숙해지고, 자기 자신에 대해 긍정적이지 못한 아이들이 많아요. 긍정적 자아개념이 부족하면 당연히 학습능력에도 영향을 미치고, 아이의 인생에서 매사에 문제가 됩니다.

또 하나 주시할 것은, 유아기에 과도한 조기 사교육을 받은 아이들은 사회·정서적 발달이 떨어진다는 점입니다. 또래와 많이 놀아보면서 다른 사람과의 관계 속에서 경험을 쌓아야 할 시기에 책상 앞에서 학습만 하고 있거든요. 대인관계, 인성 등 사회·정서적 발달이 이뤄져야 할 시기를 놓치는 셈입니다.

과도한 사교육이 부모와 자녀를 망친다

아이가 청소년이 되고 사춘기가 돼서 부모-자녀 관계가 힘들다고 상담을 받는 부모들이 많습니다. 그런데 청소년기에 일어나는 문제들은 대부분 유아기 때부터 시작됩니다. 부모들은 아이가 사춘기가 되더니 관계가 단절됐다고 걱정하지만, 사실 그 이전부터 부모가 그렇게 만든 거예요.

유아기부터 아이와 대화를 통해 관계를 잘 쌓지 않으면 청소년기에 큰 문제에 맞닥뜨릴 수밖에 없습니다. 그때 가서 아이와 소통하겠다고 해도 제대로 할 수가 없지요. 정말 위험한 시기가 오는 겁니다.

또, 선행학습은 좀 심하게 말하면 아동학대라고 볼 수 있습니다. 우리 아이와 같은 교실에 있는 다른 아이들에 대한 아동학대. 내 아이만 잘나면 됐다고 할 게 아니라, 다른 아이에게 주는 피해를 생각해야 합니다.

선행학습을 하고 온 아이들은 정상적인 수업에 큰 방해가 됩니다. 자기는 다 배우고 왔잖아요. 사실은 잘 알지도 못하면서 자신은 다 안다고 생각하여 집중을 못 하고, 모르고 오는 게 당연한데 오히려 다른 아이들을 놀리기도 합니다. 그렇게 되면 선행학습을 하지 않은 아이들이 자책할 수 있어요. 교실 전체에 피해를 주는 일이기 때문에, 사회적으로 "조기 선행교육은 안 된다"고 외쳐야 해요.

조기교육은 부모의 불안을 먹고 자란다

그런데도 많은 영유아 부모들이 조기교육을 선택하는 까닭은 뭘까요? 바로 '불안' 때문입니다. 친구들과의 성적 경쟁에서 한번 뒤처지면 앞으로도 계속 따라잡지 못할 것 같다는 불안, 그런 **불안에서 벗어나기 위해 부모 자신부터 육체적으로, 정신적으로 건강해야 합니다.**

내가 못 해본 것들을 아이에게는 다 해주고 싶다는 마음도 사교육을 부추기지요. 그렇게 아이한테 '올인'하는 동안 부모 자신부터 불안하고 행복하지 않은데 어떻게 아이가 행복할 수 있을까요?

유아교육의 특징은 그 효과가 눈에 잘 보이지 않는다는 점입니다. 점수로 표현되지 않기 때문에 부모들은 답답해하지요. 하지만 유아교육의 효과는 '점수'가 아니라 지금 아이에게 나타나는 '현상'을 보고 확인해야 합니다. 부모들이 건강한 양육철학을 가져야 합니다. 이 양육철학이라는 것은 "아이를 어떻게 키우고 싶다"와는 좀 다릅니다. 그보다는 **"나는 어떤 엄마, 어떤 아빠, 어떤 부모가 되겠다"는 다짐**에서 출발합니다.

최고의 선생님은 언제나 부모

영유아기에 사교육을 선택하는 또 다른 원인으로 부모보다 전문가에게 맡기는 게 효과적이라는 생각도 크게 작용합니다. 하지만 유아교육 제1의 교육자는 부모입니다.

먼저 부모와 자녀 사이에 건강한 관계가 형성되는 것이 가장 중요하고, 다른 교육들은 '보충적'으로 이뤄져야 합니다. 부모는 아이의 첫 번째 선생님이고, 1차 교육을 책임져야 할 부모의 역할은 그 누구도 대신할 수 없습니다.

그런데 이렇게 말하면 거의 항상 듣는 질문이 있습니다.

"맞벌이 가정은 어떻게 해야 할까요?"

이런 고민을 하는 부모들이 정말 많아요. 방과 후 '돌봄공백' 때문에 어쩔 수 없이 사교육을 선택한다는 이야기, 직장을 다니느라 아이와 시간을 많이 보내지 못하는 데 따른 죄책감을 외식이나 사교육 등으로 만회한다는 이야기도 듣습니다.

아이와 보내는 시간은 '양보다 질'이 중요합니다. 하루 종일 같이 있으면서도 방임하는 부모와 퇴근 후 한 시간이라도 재미있게 같이 노는 부모 중 누가 더 바람직할까요? 함께 있는 시간이 짧더라도 의미 있는 시간을 보내야 합니다.

조기교육의 대안, 적기교육

조기교육의 대안은 '적기교육'으로 요약할 수 있습니다. 3세에 가르칠 게 있고 4세에 가르칠 게 있으니, 아이들을 가르치되 발달단계에 맞는 교육을 하라는 의미입니다.

아이들이 자라나는 데는 정해진 발달단계가 있습니다. 그것을 함부로 거슬러 가르치면 제대로 된 성장 발달을 이루기가 힘듭니다. 각각의 발달 시기마다 아이들의 '눈높이에 맞는' 교육을 접목한다면 가장 효과적으로 성장할 수 있습니다.

아이들의 신체발달에는 일정한 순서와 방향성이 있다고 해요. 신체가 급속도로 성장하는 시기가 있는가 하면, 언어가 집중적으로 발달하는 시기가 있는 겁니다. 영역마다 발달의 속도는 모두 다릅니다. 물론 당연히 아이에 따라서도 다르겠지요? 하지만 그 여러 영역의 발달이 서로 밀접하게 연결돼 있다는 사실도 기억해야 합니다.

적기교육을 "학습에는 그에 적합한 때가 있으니 몇 살에는 꼭 무엇을 가르쳐야 한다"는 식으로 오해하는 분들도 있을 것 같습니다. 하지만 학습만을 교육이라 생각하는 것부터 잘못됐습니다. 영유아기의 먹고 입고 자는 기본 생활습관이 모든 것의 바탕인데, 그걸 교육이라 생각하지 않는 점이 큰 문제입니다.

유아교육은 생활 속에서 놀이 중심으로 이뤄질 수밖에 없어요. 놀이하는 아이를 잘 관찰하면서 아이가 흥미 있어 하고 좋아하는 것을 발견해보세요. 놀이가 곧 교육이지요. **적기교육을 하려면 "교육＝학습"이라는 오해부터 깨버려야 합니다.**

아이는 읽기보다는 경험으로 글자를 익힌다

제대로 된 언어교육을 위해서는 먼저 유아기 언어의 특징을 알아야 합니다. 아이들은 언어에 총체적으로 접근합니다. 이야기를 가지고 놀면서 이야기 속에서 문장을 찾아내고, 문장이 이해되면 단어가 보이고, 단어 속에서 자음과 모음을 발견하지요.

그게 유아교육의 접근법이어야 하는데 사교육에서 하는 언어교육은 정반대로 갑니다. '가나다라'부터 배우는 아이는 단순한 독해는 하겠지만 이해력이 떨어지지요. 사교육에서는 읽기와 쓰기만 집중적으로 가르치는데, 언어교육은 듣기, 말하기, 쓰기, 읽기 4가지 과정이 복합적으로 이뤄져야 합니다.

학습지에서 "봄에 새싹이 파릇파릇 올라왔네"라는 문장을 읽는다고 '파릇파릇'이라는 개념을 알겠어요? "아지랑이가 아롱아롱 피어올랐다"라고 책에서 글자를 읽어본들 이해가 되겠어요? 경험으로 느끼지 못하면, 그 단어를 읽기만 할 뿐 개념을 알 수가 없습니다.

무조건 유아기에 한글교육 시키지 말라는 게 아닙니다. 다만 문자해독 중심이 돼선 안 된다는 말이지요. 이야기, 문장, 사물의 단어 등 풍부한 언어 경험을 가지고 초등학교에 가면, 처음에는 힘들 수 있어도 대부분 글자를 빠르게 익힙니다. 정 불안하면 입학 전 1, 2월에 가르치세요. 그때 바짝 가르친다고 해도 절대 늦지 않아요.

아이와 함께 책을 읽을 때 유념해야 할 점

책 읽는 목적이 글자 공부가 돼서는 안 됩니다. 그냥 책을 주면서 혼자 읽으라고 하면 절대 안 돼요. 아이 입장에서는 글자는 읽을 줄 알아도 내용이 이해되지 않으니까 고통스럽고, 그러다 책을 싫어하게 될 수도 있습니다. **아이가 글자를 익혀서 혼자 읽을 수 있다 해도 부모가 읽어주는 게 좋습니다.**

아이들은 이야기 속에서 상상하는 재미에 책을 읽습니다. 글을 읽는 것은 부수적인 요소지요. 우선 이야기에 빠져들게 해야 아이들이 책을 좋아하게 됩니다. 책이 한글 교재가 돼선 안 됩니다.

불안해하지 않는 부모 되기

부모가 되기 전부터 "어떤 부모가 될 것인가"를 준비하는 부모교육을 통해 불안을 해소할 수 있습니다. 부모가 된다는 게 어떤 의미인지 모르고 살다가 막상 부모가 돼서 육아를 하려면 어렵고 불안할 수밖에 없지요. 젊은이들이 부모가 될 준비를 하기가 여의치 않은 상황이 안타깝습니다. 우리나라는 예비부모 교육이 사실상 전무합니다. 대학교 교양과목으로 아동발달, 부모교육 등을 가르치고, 학교뿐 아니라 지역사회에서도 부모교육을 많이 해야 합니다.

정부의 정책 결정에도 신중함과 일관성이 있어야 합니다. 대표적인 것이 유치원 방과 후 영어지요. 2018년 10월 교육부는 유치원 방과 후 과정에 '놀이 중심' 영어 수업을 허용했습니다. 하지만 이런 수업은 효과가 하나도 없습니다. 영어 노래 몇 줄 따라 부르고 단어 몇 개 외우는 것에 돈을 쓸 필요가 있을까요? **초등학교 3학년 때 하면 1시간 만에 다 할 수 있는 것을 유치원 때 억지로 시키느라 아이들을 주눅 들게 할 뿐입니다.**

놀이를 이용해서 학습하겠다는 생각은 교육이 아니며, 학습을 위한 놀이 역시 진정한 놀이가 될 수 없습니다. "억지로 시키지 않고 놀면서 시켜요"라는 것이야말로 사교육 시장의 홍보 논리이지요. 놀이를 가장한 독한 사교육이 등장할 수도 있습니다.

아무리 '놀이'라고 이름 붙여도 학습 진도를 정하고 평가를 하면 놀이학습법으로서의 가치를 잃어버립니다. 그런데 우리나라 부모들은 마음 푹 놓고 노는 것을 어려워합니다. 아이와 시계놀이를 하면서도 시계를 보는 법을 가르치려고 하는 거예요. **놀이를 할 때는 아이가 마음껏 놀게 하세요.** 중요한 것은 간섭이 아니라 놀이에 몰입해보는 경험과 그러한 놀이에 대한 부모의 관찰입니다.

'영어유치원'은 유치원이 아니다

흔히 '영어유치원'으로 불리는 유아 대상 영어학원은 어떨까요? 영어학원이 교육기관인 유치원과 동등하게 인식되는 게 속상할 따름입니다.

　유아 대상 영어학원은 유치원과 똑같이 아침부터 저녁까지 운영하고 있습니다. 하지만 초·중등학생 대상 학원들이 정규교육 시간이 끝난 이후에 수업을 하듯이, 유아 대상 영어학원도 전일제 운영은 금지하고 방과 후에만 학원으로서 운영해야 합니다. 정부가 의지만 있으면 규제할 수 있지만 어느 정부도 그런 의지를 보이지 않았습니다.

──── **영어유치원 명칭 사용 금지법**

　현행 유아교육법은 "이 법(유아교육법)에 따른 유치원이 아니면 유치원 또는 이와 유사한 명칭을 사용하지 못한다"고 규정하고 있다.(제28조의2) 하지만 이른바 '영어유치원'이라는 명칭은 실제로 널리 쓰이고 있다.

　현재 유아 대상 영어학원에 대한 규제는 '유치원' 명칭 사용 금지가 사실상 유일합니다. 하지만 명칭뿐만 아니라 전일제 운영 역시 규제해야 합니다. 만 1세부터 시작하는 영어학원의 교육 연령이 너무 낮은 것, 월평균 100만 원이 넘는 교육비로 위화감을 부추기는 것 또한 심각한 문제입니다.

방송에 휘둘리지 않는 부모 되기

근거 없는 불안들이 조장하는 방송도 문제입니다. 한 지상파 방송의 유명 프로그램에서는 '전문가'가 연예인 출연자의 5세 딸에게 선행학습을 권하는 장면이 있었지요. 또 다른 장면에서는 다른 아이가 엄마와 함께 그림 맞추기 놀이를 하다가 자신이 지는 걸 받아들이지 못하고 분한 마음에 놀이 도구를 패대기치는 장면이 나왔습니다.

진짜 전문가라면 선행학습을 해야 한다는 말을 할 게 아니라 '패대기'치는 아이의 장면을 지적했어야 합니다. '전문가'를 출연시킬 때 신중하게 고려해야 하는 것이 이런 일 때문입니다.

우리 아이를 행복하게 만드는 '마음의 근육'

우리 아이를 평생 행복하게 살게 할 선물은 '가나다라'와 'ABC'를 가르치는 학습지 속에 있지 않습니다. 아이에게 '마음의 무기', '마음의 근육'을 선물해주세요.

아이에게는 "언제나 나를 믿어주는 엄마 아빠가 있다, 나는 사랑받는 존재다, 나는 잘 태어났다"라는 확신이 필요합니다. 또한 유아기 때는 자신감이 넘쳐야 하고 절대적으로 행복해야 합니다. 요즘 아이들은 마음의 무기, 마음의 근육이 소실되고 있습니다. 나를 지지하는 사람도 없고, 학습만 해야 하고, 고립된 것 같고, 불행해질 것 같은 마음을 안고 있는 거지요.

유아기를 행복하게 보내는지 아닌지는 한 사람의 일생에서 정말 중요합니다. 유아기는 일생의 기초가 되는 시기입니다. 마음의 무기, 마음의 근육을 잘 길러주고, 행복하게 자라면서 자신감을 키우게 해야 하지요. 그게 아이에게 중심이 되면 대인관계든 공부든 다 잘 할 수 있습니다. 부모가 먼저 신념을 가지고, 불안해하지 마세요.

_취재: 김재희·최규화 기자

3세 이전에 사람의 뇌
80%가 완성된다면서요

영유아 사교육이 뇌 발달에 미치는 영향

#뇌발달단계
#3세신화 #인성교육 #창의력

서유헌
가천대학교 의과대학 석좌교수

한국을 대표하는 뇌과학자. 한국뇌신경과학회
이사장, 서울대학교 의과대학 신경과학연구소
소장, 아시아대양주 신경과학회 회장, 대한약리
학회 회장, 서울대학교 의과대학 약리학교실 주
임교수, 국가과학기술위원회 위원, 한국뇌연구
원 원장, 가천대학교 뇌과학연구원 원장 등을
역임했다.
저서로 《머리가 좋아지는 뇌 과학 세상》《천재
아이를 원한다면 따뜻한 부모가 되라》《잠자는
뇌를 깨워라》《과학이 세계관을 바꾼다》《우리
아이 영재로 키우는 엄마표 뇌교육》 등 50여 권
이 있다.

20세기 최고의 천재, 아인슈타인. 아인슈타인은 '두정엽의 천재'라고도 불립니다. 입체 공간적·과학적 사고 기능을 맡은 두정엽이 보통사람보다 15% 이상 크고 잘 발달했기 때문입니다. 그런데 아인슈타인은 두정엽이 발달한 대신 '언어의 뇌'인 측두엽 발달이 좀 늦었습니다. 그래서 3세 때 처음 말문을 틔웠다고 하지요.

　이런 아인슈타인이 우리나라에서 강제로 선행교육을 받았다면 어땠을까요? 그저 그런 범재나 둔재로 전락해 빛을 보지 못했을지도 모릅니다.

　2007년 OECD의 〈뇌에 관한 8가지 신화〉 보고서에 뇌에 관해 잘 못 알려진 8가지 가설이 소개됐습니다. 그중에는 이른바 '3세 신화'

도 있었지요. "3세 무렵에 뇌의 중요한 거의 모든 것이 결정된다", "무언가를 배우는 데 결정적 시기가 있다", "사람은 평생 동안 뇌의 10%만 사용한다", "좌뇌형-우뇌형 인간이 있다"는 것입니다.

업체와 일부 부모들은 이런 주장들을 조기교육의 근거로 신봉해 왔습니다. 하지만 OECD는 보고서를 통해 이를 '잘못된 신화'라고 못 박았습니다.

'3세 신화'는 아직도 영유아 사교육 상품의 홍보 문구 속에서 흔히 찾아볼 수 있습니다.

—— '3세 신화'를 조장하는 사교육 업체의 홍보 문구

2017년 사교육걱정없는세상이 영유아 교재·교구 업체 40여 곳의 온라인 홍보물을 분석한 결과, 다섯 곳의 업체에서 '3세 신화'와 같이 과학적 근거가 없는 뇌과학 이론을 인용해 상품을 홍보하고 있었다.

또 지난해(2019년) 11월 서울에서 열린 한 유아교육 박람회 현장에서도 "유아기 때 두뇌의 90%가 완성, 지금부터 1%의 두뇌를 만드는 방법은?" "0~8세, 두뇌발달의 80%가 결정되는 시기" 등의 문구가 목격됐다.

하지만 이런 이야기들은 한마디로 엉터리입니다. 지금부터 왜 그런지 이야기해보겠습니다.

인간의 뇌는 3세에 완성된다?

3세 때 뇌가 완성된다는 주장은 말이 되지 않습니다. 만약 '3세 신화'대로 인간의 뇌가 3세 때 완성돼서 그 수준에 머물러 있었다면, 인간은 문화적·과학적 발전을 절대 이룰 수 없었을 겁니다. 그러면 우리나라도 '3세 공화국'밖에 안 되겠지요.

3세 이전에 천재의 뇌를 만들겠다고 사교육을 시키면 망할 수밖에 없습니다. "뇌가 자라기 전에 먼저 자극하면 망한다", "남보다 많이 자극하면 망한다", 이게 제가 얻은 답입니다. "남보다 먼저, 남보다 많이"라는 말은 잘못됐습니다. 아이의 뇌는 지식을 받아들일 준비가 안 돼 있는데 마구 주입하면 어떻게 될까요? 당연히 망가지겠지요.

"먼저 시작할수록 똑똑해진다"는 거짓말

인간의 뇌는 3세에 완성되지 않습니다. 과거에는 20세 정도까지 뇌가 발달한다고 했는데, 요즘은 25세 정도까지 발달한다는 데이터가 나와 있지요. 또 뇌 발달의 속도와 시기는 사람마다 다 다릅니다. 나이에 따라 뇌의 부위별 발달 속도가 다르기 때문에 뇌를 알고 교육하는 일이 중요합니다.

—— 부모들이 사교육을 시키는 이유

한국교육개발원(KEDI)은 지난해 8~9월 만 19~74세 전국 성인 남녀 4,000명을 대상으로 "2019년 교육개발원 교육여론조사(KEDI POLL)"를 진행했다.

조사 결과 유치원 및 초·중·고 학부모 응답자 969명 중 97.9%, 949명이 자녀에게 사교육을 시킨다고 답했다.

자녀에게 사교육을 시키는 이유로는 "남들보다 앞서 나가게 하기 위해"와 "남들이 하니까 심리적으로 불안해서"라는 답이 가장 많았다.

자녀에게 사교육을 시키는 이유(단위: %)

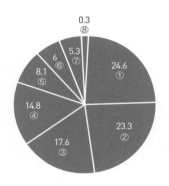

① 남들보다 앞서 나가게 하기 위해서
② 남들이 하니까 심리적으로 불안해서
③ 학교 수업보다 더 높은 수준의 공부를 하도록 하기 위해서
④ 사교육 없이는 학교수업을 잘 따라가지 못해서
⑤ 방과 후 집에서 공부를 돌봐 줄 사람이 없어서
⑥ 특기 적성을 개발하기 위해서
⑦ 자녀가 혼자서는 공부를 하지 않아서
⑧ 기타

과학을 믿어야 하는데, 몇몇 부모는 주변에서 떠도는 이야기, 주변에 있는 아이들 이야기에 너무 신경을 많이 씁니다. 시기에 따라 발달하는 뇌의 부위가 다른데도 많은 부모가 아직 발달하지 않은 뇌 부위를 과도하게 자극하는 선행학습을 무차별적으로 주입해 오히려 아이들의 뇌를 망가뜨리고 있습니다.

뇌를 알고 교육해야 한다

올바른 교육을 위해서는 뇌의 발달 단계를 알아야 합니다. 그렇다면 과연 인간의 뇌는 언제, 어떤 순서로 발달하는 걸까요?

인간이 태어날 때 뇌는 350g에 불과하지만, 생후 3년 만에 1,000g까지 성장합니다. 이 뇌는 3층으로 이뤄집니다. 1층은 '파충류의 뇌', '생명의 뇌', '본능의 뇌'로, 호흡, 심박동, 혈압 조절 등 생명 유지 기능을 담당합니다.

2층은 '동물(포유류)의 뇌', '감정의 뇌'입니다. 모든 정보를 전달하는 정거장 역할을 하며, 감정을 관할하는 기능도 하고 있습니다. 3층은 사람만이 가진 뇌로, '이성의 뇌', '지혜의 뇌'라고 부르지요. 이 뇌는 학습과 기억을 담당하는 중요한 부위입니다.

이 중 영아기에는 감정의 뇌가 중요하게 발달합니다. 2세까지의 애착 경험은 감정의 뇌 성장에 직접적인 영향을 미칩니다. 따라서 3세까지 감정의 뇌가 최고로 발달할 수 있도록 아이에게 사랑을 듬뿍 주는 것이 중요하지요. (감정의) 뇌 발달이 급격하게 이루어지는

3세 이전 시기에는 암기 위주의 지적 자극보다 감정적 충족이 더 중요합니다.

앞에서도 말한 바이지만, **인간의 뇌 발달은 최소 20년이 걸립니다. 이 기간은 억지로 단축할 수 없습니다.** 그래서 이 시기에 무리하게 앞선 교육을 아이에게 시키면 아이의 뇌는 치명적인 손상을 입고 맙니다.

아이의 뇌가 손상되면 일어나는 일

아이의 뇌가 손상되면 무슨 일이 일어날까요? **만일 전두엽이 손상되면 ADHD(주의력 결핍 및 과잉 행동 장애)가 나타날 수 있습니다.** 그러면 계획을 세우거나 복잡한 행동을 하거나 아이디어를 구상하는 일이 불가능해집니다. 새로운 환경에 적응하지 못하고 비합리적인 자극에 예민해지지요. 또 감정의 뇌를 적절히 제어하지 못해 이성적 행위가 아닌 감정적 충돌이 나타나게 됩니다.

제 이전 책에서 전두엽 손상과 관련한 2가지 연구 결과를 소개한 적이 있습니다. 먼저 미국 아이오와대학교 의과대학의 스티븐 앤더슨 박사의 연구입니다. 앤더슨 박사는 생후 15개월 때 폭력으로 전전두엽을 다친 20세 여성과, 생후 3개월 때 뇌수술로 전전두엽이 손상된 23세의 남성을 조사했습니다.

이들 남녀는 당시 뇌 손상에서 완전히 회복돼 교육 수준이 높은 부모 밑에서 정상적인 교육을 받으며 성장했습니다. 그러나 두 사람은 사춘기가 되면서 갑작스러운 행동 변화를 보였습니다. 습관적인 거짓말, 좀도둑질, 싸움질, 무책임한 성행위를 시작했고, 자신의 행동에 대해 죄책감을 전혀 느끼지 않았지요.

심리검사 결과, 두 사람은 상황에 대해 올바른 판단 능력이 없는 것으로 나타났습니다. 앤더슨 박사는 전전두엽 손상이 비정상적인 판단력과 폭력적인 성향의 원인이 됐고 정신질환과 유사한 증세를 일으킨 것으로 결론지었습니다. 전전두엽 피질이 손상되면 윤리적인 판단 능력이 결핍된다는 사실을 확인한 것이지요.

또 다른 연구는 전두엽 절제술에 관한 것입니다. 전두엽 절제술은 과거 정신질환의 치료법으로 사용됐습니다. 이 수술을 받은 환자는 지능 저하는 크지 않으면서 근심, 걱정, 불안 등 감정적 긴장 증세가 일부 호전됐다고 합니다.

반면 의무를 잊어버리고 남의 처지를 이해하지 못하고 도덕적인 면에 무관심해지는가 하면, 경망하고 유치한 행동을 잘하게 되었다고 하지요. 중대한 일을 대수롭지 않게 처리하거나 주의가 산만하고 자극에 따라 충동적으로 행동한 사례도 보고됩니다. 이 때문에 전두엽 절제술은 역사 속으로 사라졌습니다.

3세 이전, 사교육 대신 인성교육을 하라

3세에서 6세 사이에는 종합적인 사고 기능을 담당하는 전두엽의 발달이 빠르게 진행됩니다. 전두엽은 종합적인 사고 기능을 담당하고 2층에 있는 감정의 뇌를 제어해서 원초적인 감정, 폭력성을 억제하는 기능을 담당합니다. 이 시기에 예절교육과 인성교육을 통해 감정과 폭력성을 억제하는 능력이 길러져야 하지요.

—— 영유아기 인성교육의 중요성

2019년 교육개발원 교육여론조사에는 우리나라 초·중·고 학생들의 인성 수준에 대한 문항도 있었다. 조사 결과, 전체 응답자 4,000명 중 "높음"은 9.6%, "보통"은 46.3%, "낮음"은 44.1%로 조사됐다.

"자녀가 다닐 학교를 마음대로 선택할 수 있다면 어떤 요소를 가장 중요하게 고려할 것인가"라는 질문에 응답자들은 "인성교육"을 32.2%로 가장 많이 선택했다. 또한 "학교에서 현재보다 강화되어야 할 교육내용"에 대해 초등학생 부모 44.0%, 중학생 부모 40.8%, 고등학생 부모 23.4%가 인성교육을 꼽았다.

그런 교육이 이뤄져야 예의 바르고 인성 좋고 감정을 잘 조절해 폭력을 억제할 줄 아는 아이가 될 수 있습니다. **인성교육을 유아기에 시작해야 인간성과 도덕성이 제대로 발휘됩니다.** 중·고등학교나 대학에서 교육을 시작하면 제대로 발휘되지 않아요.

뇌 발달에 맞지 않는 선행학습을 선택하는 부모들에게

선행학습을 시키는 부모들이 분명히 알아야 할 것이 있습니다. **우리 아이 뇌는 옆집 아이 뇌와 다르다는 것입니다.** 생각해보면 다 아는 사실이에요. 그런데 부모들은 그 사실을 자주 망각합니다. 그저 남보다 먼저 시키고, 남보다 많이 시켜서 좋은 대학에 보내고자 하는 마음이 커요. 좋은 대학을 가는 것, 모든 부모의 목표가 거기 있습니다.

아이가 뭘 잘하고 뭘 좋아하는지 옆에서 잘 살펴보고 관찰하는 게 더 중요하지만, 현실은 그렇지가 않습니다. 모든 교육의 목표가 대학입시에만 맞춰지는 사회적인 분위기 때문에 엄마 배 속에서부터 대학입시 준비가 시작돼요. 부모들이 뇌과학을 알고 뇌 발달에 맞춰 교육을 시켜야 합니다.

세 살 버릇은 여든까지 간다

유아기에는 전두엽(인성), 초등학생 시기에는 두정엽(과학의 뇌)과 측두엽(언어의 뇌)이 발달합니다. 꼭 그 시기에만 발달하는 건 아니지만 발달 속도를 보면 그 시기에 가장 잘 작동합니다. 그렇기 때문에 인성교육을 유아기에 반드시 시켜야 합니다. "세 살 버릇 여든까지 간다"는 속담을 귀담아들어야 합니다.

　유아교육의 핵심은 인간성과 도덕성을 갖추고, 감정을 조절하고 제어할 수 있게 가르치는 것이어야 합니다. 뇌가 잘 발달하도록 교육이 이뤄지면 그게 최고지요. **그런데 우리는 뇌를 망가뜨리는 교육을 하고 있습니다. 영유아기 아이들의 뇌 발달 수준에 맞는 적기교육이 필요합니다.**

　또 유아교육은 창의성 교육이 돼야 해요. 암기보다는 다양하게 표현할 수 있도록 장려해야 합니다. 태어날 때부터 서울대에 갈 수 있다고 하면 무엇이든 다 하는 풍토에서는 아이를 제대로 키울 수 없어요. 지식만 달달 외워서는 절대 노벨상을 받을 수 없습니다. 엉뚱하더라도 다양한 생각을 많이 하게 하는 게 중요합니다.

창의성 계발을 가로막는 교육 현실의 폐해
|

2002년 제 연구팀은 교육인적자원부의 〈영유아에 대한 조기영어교육의 적절성에 관한 교육부 정책연구〉에 참여했습니다. 유아 대상 선행교육의 성과를 확인하고 언제부터 영어교육을 시키는 게 효과

적일지 연구했지요.

영어교육 경험이 없는 만 4세 아동 10명과 만 7세 아동 13명을 대상으로 한 달간 주 2회 30~40분 수업을 진행했습니다. 미국 초등 교사 경력 11년 차의 영어교육 전문가가 직접 노래, 율동, 게임 등 을 가르쳤지요. 그 뒤 단어, 문장 기억력, 문장 활용 능력 등을 확인 하는 46개 문항으로 평가를 했습니다.

평가 결과 만 4세 아동들은 29.9점, 만 7세 아동들은 60.0점을 얻 었습니다. 만 4세와 만 7세 두 연령 집단 중 만 7세 집단에서 월등히 우수한 결과가 나타난 거지요.

무슨 뜻일까요? **어릴수록 영어교육 효과가 낮다는 뜻입니다.** 인 지발달이 제대로 진행된 후 언어를 배우는 것이 더욱 효과적이라는 뜻이지요. 언어중추가 아직 완전히 성숙하지 않은 상태로 외국어를 지나치게 강제로 학습시키면 외국어는 물론 모국어까지도 발달이 지연될 수 있습니다.

6세가 되면 뇌는 가운데 부위인 두정엽과 양옆의 측두엽이 발달 합니다. 측두엽은 언어와 청각 기능을 담당하는 곳으로, 측두엽이 발달할 때 외국어 교육을 비롯해 말하기·듣기·읽기·쓰기 교육을 하는 것이 효과적입니다. 공간 입체적인 사고 기능, 즉 수학·물리학 적 사고를 담당하는 두정엽도 이때 발달하지요.

무리한 영어교육은 0개국어를 만든다

요즘 유행하는 조기 영어교육과 관련지어볼까요? 유치원에 들어가기 전부터 영어교육을 시작하는 경우, 뇌 발달 이론에 비춰보면 교육적인 효과가 별로 없습니다. 심지어 유아 때 억지로 배우다가 영어를 싫어하게 된 아이들은 나중에 영어를 정말 배워야 할 때 배우지 않을 수도 있습니다.

영유아기에 조기 영어교육에 열을 올리는 부모 중에는 아이를 영어권 교포처럼 이중언어 사용자로 키우고 싶다는 분들도 있습니다. 하지만 **영어를 교포처럼 한다는 건 우리나라에서는 거의 불가능한 일입니다.** 집에서 영어로만 대화할 수 있는 사람들이면 몰라도 이중언어 환경이 잘 마련돼 있지 않은 우리나라에서는 어렵지요.

뇌 측두엽 언어중추의 시냅스 회로가 덜 발달한 시기에 2개 언어를 동시에 강제로 많이 주입하면 두 언어가 상호 경쟁을 해서 뇌가 어느 쪽도 효과적으로 받아들일 수 없게 됩니다.

아직 배울 때가 되지 않은 아이에게 어른의 욕심을 강요하면 아이는 스트레스를 받을 수밖에 없습니다. 스트레스가 심해지면 '과잉 학습 장애'라는 일종의 정신질환이 나타납니다. 증상은 무척 다양하지요. 우울증이나 자폐증은 물론, 책이란 책은 무조건 거부하는 학습거부증, 친구들과 어울려 놀지 못하는 비사회적 성향이 나타나기도 하며, 설사, 복통, 경력 등의 신체적 후유증까지 생길 수 있습니다. 그러니 주의해야 합니다.

쓸데없는 생각의 힘

저는 부모 대상 강연을 종종 하는데, "우리 애는 엉뚱한 소리를 잘 해요", "우리 애는 공부는 안 하고 쓸데없는 생각만 해요"와 같은 질문을 자주 받습니다. 그런데 생각해보세요. 아인슈타인이 판에 박힌 암기 위주의 공부를 했다면 상대성 원리를 발견할 수 있었겠어요? 에디슨이 학교 공부만 했다면 그 많은 발명품을 만들 수 있었겠어요?

이미 알고 있는 지식과 다른 방법으로 새로운 해결책을 만들어 우리 생활을 진보시키는 사고를 창의력이라 합니다. **아이가 엉뚱한 생각을 한다고 핀잔을 주기보다는, 아이를 인정하고 격려를 아끼지 않아야 합니다.**

부모 입장에서 그렇게 하기가 쉽지 않다는 건 압니다. 시험 문제를 하나라도 더 맞히는 게 교육의 최대 목표로 여겨지는 현실에서, 창의력 계발은 뒷전으로 밀리는 게 사실입니다.

강제성을 띤 부모의 명령은 아이의 융통성과 창의력을 없앱니다. 그러면 지성의 뇌로 통하는 회로가 꽉 막혀버립니다. 그러고는 더는 열리지 않은 채로 지칠 대로 지쳐 다 타버리지요. 동물의 뇌, 감정의 뇌만 자극받아 자신도 모르는 사이에 감정과 본능적 충족감을 갈구하기도 하고, 그러는 사이 일부 아이들은 비행을 저지르기도 합니다.

'우리 아이는 뭐든지 할 수 있다'라고 생각하기보다 '못 하는 건 못

하는 것'이라고 편안하게 생각하는 게 좋습니다. 제가 24시간 달리기 연습만 한다고 해서 우사인 볼트처럼 달릴 수 있겠어요? 아이마다 잘하는 건 다 다릅니다. 뭐든지 열심히 시키면 잘하게 만들 수 있다는 생각이 아이의 창의력을 죽이지요.

사회 전체가 교육을 달리 보아야 한다

한 분야에 뛰어난 영재도 좋지만, 무엇보다 사회에 기여할 수 있는 인재를 키워야 합니다. 아이가 뭘 잘하는지 꾸준히 지켜봐주고, 그것을 발견했다면 뒤에서 밀어주기만 하면 되지요. 그런데 우리나라는 엄마 배 속에서부터 대학입시 준비가 시작됩니다. 태교부터 경쟁하는 거지요. 모든 교육의 목표가 대학입시뿐이에요. 아이가 무엇을 좋아하고 무엇을 잘하는지는 관심이 없습니다.

무조건 성적 잘 받으려고 암기 위주의 공부만 하는데 우리나라 아이들이 어떻게 창의적일 수 있겠어요? 정부는 뇌 발달에 맞는 적기교육을 목표로 교육과정을 짜야 합니다. 언어의 뇌가 발달할 때 언어교육을 하고, 과학의 뇌가 발달할 때 과학교육을 하는 거지요.

또 뇌 발달은 아이마다 다르기 때문에 그 아이의 어떤 뇌가 발달했는지에 따라 다른 방향으로 지원해줘야 합니다. 정부도 학부모도 그렇게 많은 투자를 했지만 가장 잘 안 되고 있는 게 교육입니다. 그래도 포기할 수는 없지요. 뇌 발달을 알고 교육을 해야 하고, 아이의 뇌를 망가뜨리는 교육을 하면 안 됩니다.

아이의 뇌 발달을 위협하는 또 다른 요소들

태교 사교육, 배 속에서 영어를 배운다?

임신 3개월 차 접어들면서 태교로 모차르트 듣고 차분한 마음을 가지고 있는데 엄마가 임신 중에 공부를 하면 아이 머리도 좋아진다는 이야기를 들었거든요. 그래서 태교 영어공부를 하면 효과가 있을까 고민하고 있어요. […] 혹시 태교를 공부로 하신 분들 계시면 도움 좀 요청드려요.

└ 수학 문제집 많이들 풀더라고요.

└ (아이가) 배 속에 있을 때 외국어를 많이 들으면 나중에 외국어를 낯설어하지 않는다고 해서 영어동화, 영어동요 같은 거 자주자주 들려줬어요.

└ 제 친구는 임신 중에 태교영어 한다고 그룹영어회화 등록해서 다니더라고요.

한 인터넷 카페에 올라온 글이라고 합니다. 남보다 조금이라도 먼저 시작하겠다는 생각은 '태교 사교육'이라는 현상까지 만들어냈지요. 이처럼 "어떤 태교를 하면 아이가 공부를 잘하게 될지" 상담하는 내용은 인터넷 카페나 SNS, 유튜브 등에서 손쉽게 찾아볼 수 있습니다.

그런데 엄마 배 속에서 영어를 들으면 정말 태어난 뒤에도 영어를 낯설지 않게 느낄까요? 임신한 엄마가 수학 문제를 풀면 정말 아이의 머리가 좋아지는 걸까요?

안타깝지만 태교 사교육은 엄마의 욕심일 뿐입니다. 임신부가 직접 태아에게 영향을 미치려고 노력해서는 안 됩니다. 엄마가 영어나 수학을 좋아해서 공부하는 게 아니라면 엄마의 스트레스 호르몬이 그대로 태아한테 전달됩니다. 스트레스가 오히려 나쁜 영향만 줄 뿐이니 (태교 사교육은) 말짱 헛것이지요.

영어나 수학뿐만 아니라 "머리가 좋아진다"는 태교음악 또한 마찬가지입니다. 한때 모차르트 음악을 들으면 태아의 지능이 좋아진다는 설이 있었는데 연구해보니 효과가 없어서 지금은 인정을 받지 못하고 있습니다.

임신 5~6개월이면 태아는 소리를 들을 수 있지만 그 내용을 이해하지는 못합니다. 엄마가 좋아하지도 않는 모차르트 음악을 스트레스 받으며 억지로 듣는 것보다 팝송이든 대중가요든 엄마가 좋아하는 음악을 듣는 게 태교에 더 좋습니다. **임신부가 편안하게 지낼 수 있고 제일 좋아하는 환경을 10개월 동안 만들어주는 것이야말로 최고의 태교입니다.**

1세부터 스마트폰에 중독되는 아이들

요즘 제가 걱정스럽게 지켜보는 것이 또 있습니다. 바로 스마트폰이지요. 우리나라 영유아 5명 중 3명은 이미 스마트폰이나 태블릿 PC 등 스마트 미디어를 사용하고 있다는 연구 결과가 있을 정도이니까요.

스마트폰에 중독되면 마약, 술, 담배 중독과 똑같은 메커니즘으로 계속해서 점점 더 강한 자극을 원하게 됩니다. 당장 아이 돌보기가 어려워서 스마트폰을 보여주기 시작하면 나중에는 그만 보여줄 수가 없게 되지요.

게임, 영상 등 스마트폰을 통해 노출되는 강한 자극에 길들여지면 다른 교육들이 효과를 볼 수 없습니다. 지금의 스마트 기기 사용이 나중에 아이 교육에 어떤 영향을 줄지도 생각하면서 적당히 절제시켜야 합니다.

—— 영유아의 스마트 미디어 사용 실태

육아정책연구소가 2020년 발표한 〈영유아의 스마트 미디어 사용 실태 및 부모 인식 분석〉 보고서에 따르면, 만 12개월 이상 6세 이하 영유아 자녀를 둔 부모 602명을 대상으로 조사한 결과 자녀가 스마트 미디어를 사용한다고 응답한 부모는 59.3%로 조사됐다.

스마트 미디어 최초 사용 시기는 만 1세가 45.1%로 가장 많았다. 첫돌부터 스마트폰을 가지고 노는 아이가 절반 가까이 된다는 뜻이다. 만 2세에 최초로 스마트 미디어를 사용한 비율은 20.2%, 만 3세는 15.1% 순이었다.

사용빈도는 "하루 한 번 이상"이 25.8%, "일주일에 1~2회"라는 응답도 같은 비율로 조사됐다. 하루 평균 사용시간은 "20~30분" 19.1%, "40분~1시간" 18.5% 순이었다.

아이들은 주로 "유튜브 등 동영상 플랫폼"(82.1%)을 통해 "장난감 소개 및 놀이 동영상"(43.3%)과 "애니메이션"(31.7%) 등을 보고 있었다.

문제는 '중독'이다. 보고서에서는 전체 응답자 자녀 602명 중 스마트 미디어 과의존 위험군이 12.5%로 나타났다. 잠재적 위험군은 9.8%, 고위험군은 2.7%로 조사됐다.

만 1~3세 영아와 만 4~6세 유아를 구분해 비교한 결과는 더 눈길을 끈다. 조사 결과 만 4~6세 유아에서는 잠재적 위험군이 8.3%, 고위험군이 1.7%로 나타났다. 반면 만 1~3세 영아에서는 잠재적 위험군이 11.3%, 고위험군이 3.7%로 조사돼, 유아보다 영아의 스마트 미디어 과의존 위험군 비율이 높다는 결과가 나왔다.

보고서는 "어릴수록 스마트 미디어 몰입도가 더 높아 스마트 미디어 고위험 사용자군이 될 가능성이 높다"며, "유아에 비해 영아가 아직 충분한 인지적, 정서적 발달 단계를 거치지 못했기 때문"이라고 해석했다.

미취학 아동의 연령별 스마트 미디어 과의존 위험군 비율 (단위: %)

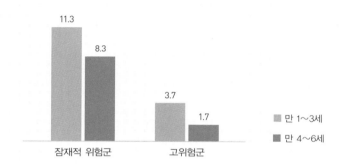

입시교육에서 인간교육으로 갈 날을 꿈꾸며

유아기에는 지식 교육을 해서는 안 됩니다. 그런데 우리나라 교육은 유아교육도 없고, 초·중·고 교육도 없습니다. 모든 연령대, 모든 학교에서 오로지 대학입시 교육만 시키고 있습니다. **유아기에는 지식 교육을 해서는 안 됩니다. 그보다는 인성교육, 도덕성 교육을 해야 합니다.**

다 같이 사교육 하지 말자고 해도, 누군가 한 사람이 시작하면 다 무너집니다. 우리 아이만 뒤처질 것 같다는 학부모들의 불안이 제일 문제입니다.

불안을 없애려면 정부가 믿을 만한 교육정책을 세우고, 이랬다저랬다 바꾸지 말고 지속해야 합니다. 기본원칙은 당연히 뇌 발달을 망치지 않는 교육정책을 유지하는 것이지요. 모두의 노력이 필요합니다.

_취재: 권현경·최규화 기자

오해

3

어릴수록 영어도
잘 배우잖아요

고비용 저효율의 영유아 영어 사교육

**#결정적시기가설 #1만시간
#이중언어 #쌍방향의사소통**

이병민
서울대학교 영어교육과 교수

교육부 영어과 교육과정 심의위원, 교육부 자체
평가위원회 평가위원, 서울시교육청 외국어교
육정책자문위원장을 역임했고, 사교육걱정없는
세상의 영어사교육포럼 대표를 맡았다. 10여 년
에 걸쳐 대표 저자로 초·중·고 영어 교과서를
집필했다. 저서로 《당신의 영어는 왜 실패하는
가?》가 있다.

조기 영어교육이 반드시 필요하다고, 항상 효과적이라고 생각하게 만드는 환경에 우리는 노출되어 있습니다.

　조기 영어교육에 대한 의견 차이로 부부가 갈등하기도 하고, 내 아이만 뒤처지는 건 아닌지 불안해 여기저기 조언을 청하기도 하며, 사교육 기관에서 제시한 엄청난 교육비에 충격을 받기도 하는 분들을 주위에서나 미디어를 통해 제법 보셨을 겁니다. 실제로 그런 일을 겪는 분들도 있으니, 그리 낯선 광경도 아니지요.

　경험적으로만 그런 것이 아닙니다. 실제로 조기 영어교육 시작 시기는 점점 '초超저연령화'되는 현상을 보이고 있습니다.

2014년 사교육걱정없는세상과 유은혜 국회의원실이 서울·경기 지역 학부모 7,628명을 대상으로 조사한 결과 만 3세에 영어교육을 처음 시작한 경우가 조사 당시 고등학생 중에서는 3.2%에 불과했으나, 유아 중에서는 그 비율이 35.3%에 달했다. 10여 년 전과 비교해 약 11배나 늘어난 것이다.

같은 조사에서 유아교육기관(유치원)의 영어교육 실태를 살펴보니, 전체 유치원의 72.7%가 영어교육을 하고 있었으며, 국공립유치원은 42.9%가, 사립유치원은 83.9%가 영어교육을 하는 것으로 나타났다.

이렇듯, 영유아 시기의 영어교육은 점점 더 낮은 연령대로 내려가면서 필수처럼 자리 잡고 있습니다. 영어 조기교육을 시작하는 나이가 점점 낮아지는 이유는 무엇일까요?

미국에서 도입된 '결정적 시기 가설Critical Period Hypothesis'의 영향을 그 원인 중 하나로 들 수 있습니다. 즉, 영어를 배울 수 있는 특정 시기가 있고 우리 아이가 그 특정한 시기에 영어를 배우지 못하면 영어를 아주 못 배우거나 배워도 힘들게 배운다고 알고 있는 부모들이 많습니다.

대한민국에 영유아 영어교육 붐이 일어난 이유와 부모들의 조기 영어교육에 대한 불안은 미국에서 수입된 이러한 가설과 떼려야 뗄 수 없습니다.

영어교육의 '결정적 시기 가설'은 틀렸다

영어교육에 결정적 시기가 있다는 가설은 사교육 시장에서 부모들의 불안감과 공포심을 자극하는 단골 소재로 활용되고 있습니다. 5세 이전에 외국어를 배워야 모국어처럼 쓸 수 있다면서 마케팅을 하는 자칭 영어 전문가들이 득세하고 있지요.

물론, 영어교육에 결정적 시기가 있다고 주장하는 논문도 많습니다. 하지만 그 논문들이 말하는 **'결정적 시기'란 "미국과 같은 영어권 국가에 언제 이민을 왔느냐**Age of arrival**"가 가장 중요한 기준입니다.** 이런 상황에서는 1세에 미국에 이민 온 아이가 4~5세 때 이민 온 아이보다 영어 능력이 훨씬 뛰어난 게 맞습니다. 물론 전반적인 경향이 그렇다는 것이지, 반드시 그런 것은 아닙니다.

그렇다면 한국에서 영어교육을 시작하는 시기가 영어 능력에 결정적인 영향을 준다는 연구는 있을까요? 제가 알고 있는 한은 없습니다. 미국에 이민을 간 상황과 달리 **한국에서는 일상에서 영어를 쓰지 않기 때문에 영어를 언제 시작했는지가 영어 능력에 '결정적'**

영향을 미치지 않습니다.

언어 습득 과정에서는 해당 언어를 사용하는 '양'이 '질'을 결정합니다. 한국처럼 일상에서 영어를 사용하지 않는 상황에서는 영어에 투입하는 시간, 즉 '양'이 현저히 적으므로 영어교육을 일찍 시작했다 하더라도 '질'의 변화가 일어나기 어렵습니다.

특히 영유아 시기에 영어와 같은 외국어를 배우는 것은 일반적인 학습과 다릅니다. 이 시기의 아이들은 영어를 배워야 하는 외국어로 인식하지 않습니다. 자연스러운 노출을 통해서 조금씩 젖어들어가는 거지요. 한마디로 학습을 통해 단기간에 의식적으로 영어 능력을 집어넣어 줄 수 없다는 겁니다.

문제는 앞에서 말했듯 한국에서는 '질'을 결정할 만큼의 '양'을 충족시킬 수 없다는 점입니다. 결국 영어 조기교육을 위해 사교육을 선택하는 부모들이 기대하는 효과는 일어나기 어렵습니다. 발음도 마찬가지입니다. 어린 시절 영어공부를 시작한 경우 영어 발음이 더 좋으리라 생각하는 경향이 있지만, 다른 변수를 고려해야 합니다.

정리해보면 영어권 국가로 이민 간 조건이 아닌 경우, 즉 우리나라와 같이 일상에서 영어를 사용하지 않는 조건에서 영어를 배울 경우, 노출된 시간, 강도, 조건, 환경, 동기 등의 요소가 나이보다 훨씬 더 중요합니다.

영어유치원 교육 방식의 문제

비싼 돈을 내고 소위 남들이 말하는 영어유치원에 아이를 보냈다고 해봅시다. 부모는 뭐든 결과를 빨리 얻고 싶고, 유치원은 그 기대에 부응하려고 하겠지요. 그래서 유치원에서는 따라 말하기나 노래 부르기와 같은 암기 위주의 교육법을 많이 택합니다. 단기간에 성과를 눈으로 확인시켜줄 수 있기 때문이죠. 'Monday(월요일)' 하고 교사가 이야기하면, 아이들이 다 같이 'Monday' 하고 따라 소리치는 방식입니다. 또, 영어로 연극 공연을 하려고 영어 대사를 반복 연습시키기도 합니다.

이런 식으로 언어를 외워서 배울 수 있을까요? 동영상을 틀어주고 노래를 듣고 따라 하는 방식으로 언어를 배울 수 있을까요? **반복적으로 훈련시키면 구관조도 인간의 말을 흉내 낼 수 있습니다. 하지만 이건 언어를 한다고 볼 수 없습니다.**

유아들이 하루의 상당한 시간을 보내는 공간은 아이의 언어 발달에 매우 중요합니다. 특히 영유아 시기는 평생을 살아가는 데 기반이 될 모국어 발달이 이뤄지는 시기지요. 그런데 아이들이 자라서 미국 초등학교에 다니거나 영어로 수업이 진행되는 학교에 다니지 않는 이상, 이런 질적·양적인 차이를 감수하고 영어만을 배우겠다고 유치원 시기를 그렇게 보내는 것은 결코 옳은 선택이라고 할 수 없습니다.

모국어를 위해 필요한 절대 시간

한 언어를 능숙하게 하는 데 1만 1,680시간이 필요합니다. '1만 1,680시간' 법칙은 한 아이가 만 4세가 되면 자신의 모국어를 거의 완성하게 된다는 데서 착안한 것으로, 제가 1996년쯤 어느 강연에서 제시한 가설입니다. 물론 제가 집필한 책에서도 자세히 밝혔고 논문도 썼습니다.

아이가 세상에 태어나서 주변에서 들려오는 수많은 언어를 듣고 주변 사람들과 상호작용하면서 만 4년을 보낸다고 본다면, '하루 8시간×365일×4년=1만 1,680시간'이 됩니다. **과연 한국과 같은 환경에서 어느 아이가 영유아기에 1만 시간이 넘는 시간을 영어로 채울 수 있을까요? 그러면 그 아이는 영어로 듣고 영어로 말하기 위해서 엄마나 가족들과 관계를 끊어야 하지 않을까요?**

"우리 애가 유아 영어학원 다닐 때는 영어를 잘했는데 초등학교 들어갔더니 다 까먹었어요"라고 푸념하는 부모도 많습니다. 이것은 너무나 당연한 결과입니다. 영어학원에서 영어 몇 단어 외우고 반짝 실력이 늘었다고 해도, 그걸 유지하려면 초중고 내내 계속 영어 사교육이 필요합니다.

유치원 단계에서 몇 개월 또는 1~2년 영어에 노출되었다고 해서 이 아이가 나중에 어떤 유의미한 결과를 얻게 될까요? 비용 대비 효과만 따진다면 크게 기대할 것이 없다고 보는 것이 맞습니다.

거듭 말씀드리지만, 우리나라와 같이 영어를 일상에서 사용하지 않는 환경에서 '결정적 시기' 가설에서 주장하는 조기교육 효과는 나타나기 어렵습니다. 결과적으로 조기에 실시하는 영어 사교육은 부모가 기대하는 만큼 결과가 나오지 않습니다.

입시를 위한 언어는 언어가 아니다

물론 영유아기 영어 사교육을 선택하는 부모들이 모두 아이를 원어민처럼 영어를 잘하게 만들고 국제사회의 경쟁력 있는 지도자로 만들겠다는 '거창한' 목적을 가지지는 않았을 것입니다.

영어교육을 조금이라도 빨리 시작해서 남들보다 한 발이라도 앞서서 입시경쟁에 대비하겠다는 생각 때문에 영유아 시기부터 아이를 영어 사교육 시장에 맡기는 경우도 많습니다. 성적 경쟁에서 뒤처지지 않게 미리 준비하겠다는 마음이 영어 조기교육과 사교육을 선택하게 만드는 요인이기도 합니다.

어떤 면에서 보면 대학수학능력시험(수능) 영어영역의 절대평가 전환이 영어 사교육 '초저연령화' 현상에 한몫했다고 볼 수 있습니다. 2014년 12월 교육부는 2018학년도 수능부터 영어영역에 절대평가를 도입한다고 발표했습니다.

"학생을 변별하기 위해 난이도가 높은 문제를 출제하는 경향이 나타나, 불필요한 학습 부담과 사교육비 부담이 초래된다는 지적도 많았다"는 점이 절대평가 도입의 배경입니다.

교육부는 "단순히 높은 수능 점수를 받기 위한 학생과 학교 현장의 무의미한 경쟁과 학습 부담을 경감"하겠다고 그 취지를 밝힌 바 있습니다.

—— 영유아 대상 학원의 영어 개설 비중

2016년 9월 사교육걱정없는세상이 서울시교육청 등록 학원 현황을 분석한 자료를 보면, 서울에 있는 학원 및 교습소 수는 2013년에 비해 2015년에 766개(2.9%)가 감소했다. 주요 과목을 개설하는 학원 중 영어학원은 37.3%에서 34.3%로 감소했다. 당시 사교육걱정없는세상은 이를 "2014년 발표한 '2018학년도 수능 영어 절대평가 도입'의 영향으로 판단한다"고 분석했다. 반면 영유아 대상 과목을 개설하는 학원 수는 같은 기간 563개에서 598개로 6.2% 증가했다. 이 중 영어 과목 비율은 57.2%로 전체 영유아 학원 중 기형적으로 큰 비중을 차지했다.

수능 영어 절대평가 전환으로 초·중·고 영어 사교육 수요가 줄어들자 영어 사교육 시장의 관심이 영유아 쪽으로 옮겨갔습니다. 수능 영어 절대평가 전환이 영어 사교육의 '초저연령화'에 어느 정도는 영향을 미친 것으로 보입니다.

고비용 저효율의 영유아 사교육,
대안은 무엇인가

나이가 어릴수록 영어를 더 쉽게, 더 빠르게 잘 배울 수 있다는 인식은 잘못됐습니다. 여러 연구결과를 보면, 우리나라와 같은 환경에서 대학생의 외국어 학습 효과가 유아나 아동에 비해 더 우수합니다. 같은 시간과 노력을 들여도 성인인 대학생이 외국어를 습득하는 것이 더 빠르고 효과적이라는 뜻입니다.

학부모로서는 아무것도 안 하는 것보다는 뭐라도 하는 게 낫다고 생각하실 수도 있습니다. 하지만 시킬 때 시키더라도 투자 대비 효과는 별로 크지 않다는 걸 아셔야 합니다.

또한 영유아 시기에는 다양한 자극을 주고 경험을 시켜야 하는데, 영어에만 매달리는 건 바람직하지 않습니다. 한창 성장하는 아이의 뇌에는 문자나 소리 정보만 필요한 게 아닙니다. 모든 감각과 정보가 필요합니다. 이런 다양한 자극은 아이의 뇌 발달에 무엇보다 중요합니다. 글자카드만 보여주는 것도 아이에겐 좋지 않습니다.

아동의 학습 및 발달과 관련하여《아인슈타인은 결코 플래시 카드를 사용하지 않았다 Einstein Never Used Flash Cards》는 책도 있습니다(국내 출간명《아인슈타인 육아법》, 너럭바위, 2013). **정서적 교감이 없고 자연이나 주변 사람들과 상호작용이 없는 상태로 언어교육만 하는 건 더더욱 좋지 않습니다.**

이러한 부모들의 인식을 바꾸려면 실증적 근거자료를 들어 설득해야 하는데, 교육 당국은 막연하게 "사교육은 안 좋은 거니까 하지 말라"고 소리를 높이지요. 이것은 한계가 있습니다.

공교육 시스템을 바꾸어야 영어 지옥에서 벗어난다

사교육을 받지 않은 아이들이 실제로 입시경쟁에서 손해 보지 않는 조건을 만들어주는 게 중요합니다. 공교육 시스템을 바꿔야 합니다. 대학입시 위주로, 평가 위주로 이루어지는 교육이 문제입니다.

영어에 한정해 생각해봐도, 영어를 잘하게 하려면 읽기, 말하기, 듣기, 쓰기 전부 다 가르칠 필요가 있습니다. 그런데 모든 학교 교육의 끝에는 평가를 해야 하니, 결국 시험에 나오고 시험으로 평가하기 용이한 읽기, 듣기 위주로 가르칠 수밖에 없습니다. 시험을 통해 평가하고 아이들을 변별하려고 하니 점점 더 평가 기준이 높아집니다.

만약 학교에서 영어를 100시간 교육했으면, 학교 영어교육 100시간을 통해서 이룰 수 있는 만큼의 성취를 기대해야 정상입니다. 그런데 현실은 그렇지 않습니다. 평가와 선발이 개입하면, 교육은 100시간을 해놓고 실제로는 1,000시간 정도의 성취 수준을 평가하지요. 이건 심각한 문제이고 모순입니다.

이렇게 하는 이유는 그래야 이른바 '변별력'이 생긴다는 겁니다. 시험 성적에 따라 한 줄로 세워서 합격, 불합격을 가리려면 그래야 합니다. 이런 잘못된 평가와 왜곡된 교육 시스템이 학부모와 아이들을 사교육 시장으로 달려가게 만드는 것이죠.

중·고등학교 교사들한테 "왜 영어교육이 제대로 안 되느냐" 물어보면, "진도 빼느라 바빠요"라는 대답이 곧잘 돌아옵니다. 우리가 수영이나 운전을 배우러 갔다고 해봅시다. 그런데 강사가 내가 물에 뜰 수 있는지, 운전을 할 수 있는지 신경을 쓰지 않고 정해진 진도 빼는 데만 관심이 있다면 어떻겠어요?

그런데 우리 공교육이 그런 상황에 놓여 있습니다. 교사는 아이들이 교실에서 정말 잘 배우고 있는지 아닌지를 살펴야 하는데, **우리 학교에서는 학생이 알아듣든 못 알아듣든 아이들이 배우든 못 배우든 그다지 관심이 없습니다. 배움의 결과는 학생 개인의 책임이라고 합니다.**

이유는 평가 때문입니다. 평가하고 학교에서 정해진 진도를 나가는 데 집중하다 보니, 정작 학생들이 뭘 배웠는지 별로 관심이 없는 것입니다. 역설적인 현상이지요. 배우기 위해서 학교에 갔는데, 진도를 나가고 평가하는 데 집중하면서 제대로 배우지 못하는 상황입니다.

수영을 6개월 배웠는데 물속에서 10미터도 제대로 앞으로 나아가지 못한다면 강사가 책임을 져야 하지 않겠어요? 그런데도 우리는 "공부는 학생이 하는 것이지 선생님이 대신해주는 게 아니다"라고 말합니다. 물론 일부는 맞지만, 일부는 틀립니다. 이런 학교 분위기에서 결국 학생이 알아서 자기 주도적으로 열심히 해서 따라가거나, 아니면 자기 돈을 내고 사교육을 받아서 더 배우지 않으면 격차를 줄일 수가 없는 구조입니다.

수요자를 위한 교육이 필요할 때

다시 말씀드리면, 100시간을 배워서 100시간만큼의 성취를 보이고, 그것으로 충분하다고 인정을 받는 구조가 되어야 합니다. 그것이 정상이지요. 하지만 그렇지 않다는 것이 우리 학교 교육의 모순입니다. 100시간 가르치고, 1,000시간 정도의 성취도를 평가하는 것이 근본 문제입니다.

지금은 평가하기 위해 교육을 하고 있는 형국입니다. 평가와 입시가 대한민국 교육을 설명하는 열쇠입니다.

교육의 설계자이며 공급자인 교육부, 교육청, 학교는 학생의 교육문제에 절실하지 않습니다. 교육 현장을 들어가 보면 현실과 이론은 별개로 돌아가고 있습니다. 교육을 설계하고 제공하는 공급자와, 학생과 학부모로 대표되는 교육 수요자는 완전히 다른 목표를 가지고 있습니다.

국민은 세금을 내고 국가는 학교를 세워 아이들을 가르칩니다. 교육과정은 국민에 대한 국가의 약속이자 일종의 계약문서입니다. 국가는 이를 책임지고 이행할 의무가 있고, 국민은 국가가 이를 지키지 않았을 때 강력하게 책임을 물어야 합니다. 지금은 이도 저도 아닌 상태입니다.

사교육이 들어올 틈을 막기

지금은 교육과정 자체도 너무 수준이 높습니다. 그렇다고 학교에서 그걸 만족시킬 만한 수업을 하고 있느냐? 그것도 아닙니다. 또, 평가는 교육과정보다 더 어렵게 진행됩니다.

교육과정 다르고, 학교 수업 다르고, 평가 기준이 달라 서로 일관성이 없으니 그 간극을 메우기 위해서 사교육이 없을 수 없습니다. **교육과정을 제대로 설정하고, 학교는 거기에 맞춰서 교육하고, 학교 내신이나 수능과 같은 평가는 그 기준에 따라 진행된다면 사교육이 있을 필요가 없습니다.**

현실은 그렇지 않기 때문에 경제력이 있는 부모들은 수단과 방법을 가리지 않고 학교 밖에서 스스로 문제를 해결해버립니다. 그런 부모들은 공교육이 어떻게 돌아가든 관심도 없습니다. 어차피 자기 자식들은 돈을 써서, 사교육으로 극복해버리면 되니까요.

반면, 보통의 일반 시민들은 탈출구가 없습니다. 시스템을 바꿀 능력도 없고, 심지어 문제의식도 없습니다. 대한민국의 부모들은 대부분 자기 아이들을 상위 5%에 들게 하려고 노력할 뿐, 95%를 위한 교육 시스템을 만드는 데는 그다지 관심이 없습니다. 어찌 보면 나의 자녀가 5%보다 95%에 들 확률이 더 높음에도 불구하고 말입니다.

교감할 것인가, 교육할 것인가

아이를 이중언어 사용자로 키우려면 최소 깨어 있는 시간의 30~40% 이상은 그 언어에 노출되거나 사용하게 해야 합니다. 하지만 **더 중요한 것은, 아이들이 자연스럽게 그럴 필요성을 느껴야 한다는 것이지요. 더불어 일방향의 일방적인 노출이 아니라 자연스러운 조건에서의 의미 있는 쌍방향 의사소통이어야 합니다.**

아이가 모국어를 배울 때를 생각해보시기 바랍니다. 일상에서 부모나 형제, 또래와 서로 소통하고 교감하고 어울리고 놀면서 자연스럽게 습득하는 게 우리의 모국어입니다. 누가 틀렸다고 고쳐주지도 않습니다.

아이들은 언어를 의식적으로 학습을 통해서 배우지 않습니다. 조건과 환경이 만들어지면 아이답게 본능에 의해서 익히지요. 그것이 아이들이 자연스럽게 한 언어를 배우는 방식입니다. 이런 기본 원칙을 벗어난 조기 영어교육은 무의미하며 효과도 별로 없습니다.

_취재: 김정아·최규화 기자

'영어유치원' 같은 영어 몰입 환경이 대세 아닌가요

제때 공부한 아이가 영어도 잘한다

**#유아대상영어학원
#입시 #선행학습**

김승현
사교육걱정없는세상 영어사교육포럼
부대표

1998년부터 학교 현장에서 학생들에게 영어를
가르쳐왔다. 교육시민단체 사교육걱정없는세상
에서 정책실장을 역임했고, 영어사교육포럼 부
대표로 오랫동안 활동해왔다. 소책자 〈아깝다
영어 헛고생〉과 단행본 《굿바이 영어 사교육》의
출간에 참여했으며, 학부모 대상 강연과 교육
정책 대안을 만드는 일에 앞장서고 있다.

-아기가 지금 3세이고 딱 두 돌이 지났는데 다들 '영어유치원'을 지금부터 알아보더라고요. 그냥 일반 유치원을 보내면서 학원을 따로 보내야 할지 아니면 '영어유치원'을 보내는 게 맞는 건지 잘 모르겠어요.

-4세부터 다닐 수 있는 '영어유치원' 추천 좀 해주세요.

'영어유치원', 많이 들어보셨지요? 인터넷을 조금만 찾아봐도 위와 같은 부모들의 상담 글이 여럿 보입니다. 하지만 **영어유치원(유아 대상 영어학원)은 유치원의 대체재가 될 수 없습니다.** 부모만이 아니라 정부 차원의 영유아 영어 사교육 규제가 시급한 이유입니다.

영유아 영어 사교육 과열 현상은 이른바 '영어유치원'이라 불리는 유아 대상 영어학원 숫자로 가늠해볼 수 있습니다. 서울시교육청 학원·교습소 등록현황에 따르면 2018년 기준 서울의 '반일제 이상 유아 대상 영어학원'은 295곳으로, 1년 새 44곳이 늘어났습니다. 이 중 강남·서초구 유아 대상 영어학원은 87곳으로 전체의 29.5%를 차지했으며, 2017년과 비교했을 때는 21곳이 늘었습니다. 서울에 새로 생긴 유아 대상 영어학원의 절반 가까이가 이 지역에 문을 연 것이지요.

영어, 일찍 시작할수록 좋다?

대다수 부모는 영어교육을 일찍 시작하면 일찍 시작할수록 좋다고 생각합니다. 그래야만 우리말을 배우듯이 자연스럽게 영어도 '습득'할 수 있다고 믿기 때문이지요.

경제적 여건만 된다면, 자녀가 6~7세가 됐을 때 1~2년 정도는 유아 대상 영어학원에 보내고 싶어 하는 분들이 많습니다. 실제로 강남, 분당 등 사교육 열기가 높은 지역에 가면 자녀 영어교육을 위해 유치원부터 초등학교 고학년까지 각각 어느 학원을 보내야 한다는 일종의 '영어 사교육 로드맵'이 있습니다.

그런데 유아 대상 영어학원에 보내 영어를 일찍 접하게 하는 것이 과연 실제로 효과가 있을까요? 우리는 모국어나 제2언어로 영어를 배우는 것이 아니기 때문에 충분한 시간을 확보할 수가 없습니다. 그렇기에 보통은 흙에 씨를 뿌렸는데 뿌리를 내리지 못하고 흩

어져버리는 상황만 불러옵니다.

흔한 말로 '가성비(가격 대비 성능 비율)'가 떨어지는 일이고 때로는 오히려 부작용을 겪게 되는 경우도 있지요. **유아 대상 영어학원 10 곳이 생기면 근처에 소아·청소년 대상 정신건강의학과 한 곳이 생긴다는 이야기가 있을 정도로, 영어 조기교육으로 인한 부작용이 꽤 큽니다.**

조기 영어교육은 오히려 아이의 발달을 저해한다

유아 대상 영어학원을 가면 하루 종일 수업 중에는 영어를 써야 하기에 듣고 말하는 언어의 수준이 3~4세 수준으로 떨어집니다. 즉 **모국어 발달이 채 이루어지기 전에 또 다른 언어를 배우면서, 새로 배우는 언어의 낮은 수준에 따라 사고의 수준도 낮아진다는 이야기지요.**

영유아기 아이들은 뭘 집어넣는다고 해서 집어넣는 대로 크지 않습니다. 햇빛에도 크고 무형의 경험에서도 크는 게 그 시기의 아이들이지요. 유아 대상 영어학원에서 꽉 짜인 일정으로 영어를 배우면 놓치는 것이 더 많습니다. **영유아기 아이들에게는 영어 조기교육보다 다양한 경험이 중요합니다.**

실제로 유아 대상 영어학원에 다니는 아이들과 공동육아 어린이집에 다니는 아이들, 두 집단을 데리고 창의력 실험을 한 적이 있습니다. 결과가 달랐던 건 물론이거니와, 테스트를 대하는 태도가 정말 달랐습니다.

공동육아 어린이집 아이들은 테스트도 놀이하듯이 받아들였지만, 유아 대상 영어학원에 다니는 아이들은 시험을 치르듯이 테스트를 받아들이는 거예요. 영어 조기교육을 선택한다면, 그만큼의 기회비용이 발생합니다. 정작 그 시기에 경험해야 할 것들을 놓치게 되는 거지요.

—— **유아 대상 영어학원이 창의력에 미치는 영향**

유아 대상 영어학원에 1년 6개월 이상 다닌 아이와 영어를 접하지 않은 공동육아 어린이집 아이의 창의력을 비교한 결과, 언어 창의력 면에서 공동육아 어린이집 아이들은 평균 92점을 받은 반면, 유아 대상 영어학원 아이들은 평균 70점에 그쳤다.[*]

'돈값' 못하는 영유아 사교육

학원비 문제도 무시할 수 없습니다. 그런데 과연 그 비용만큼 효과가 있느냐 묻는다면, 제 대답은 '효과 없다'입니다. 가계 부담은 상당한데, 결과적으로 효과가 없어요.

---

[*] 우남희, 〈유아의 영어교육 경험과 지능, 창의성과의 관계 연구〉, 《미래유아교육학회지》 14(4): 453–474, 2007

합리적으로 한번 따져보겠습니다. **유아 대상 영어학원을 주 3~4회 정도 1년을 다닌다고 해도, 그 시간을 다 모아보면 365일 중 8~9일밖에 안 됩니다.** 그만큼 영어에 노출되는 환경이 미미한 것이지요. 그런데도 한 달에 수십만 원씩 돈을 쏟아부어서 조기교육을 시킬 것인지, 합리적 선택을 하셔야 합니다.

—— 대학 등록금보다 비싼 영어학원비

사교육걱정없는세상의 조사 결과 2018년 서울 유아 영어학원 학원비는 월평균 103만 7,027원이었고, 학원비가 가장 비싼 곳은 강남구와 서초구에 운영하는 3곳으로 월 224만 3,000원에 달한다. 이 학원들의 1년 치 학원비는 2,691만 6,000원으로, 지난해 4년제 대학 연간 등록금 평균(670만 6,200원)의 4배였다.

또 유아 대상 영어학원에 가면 수업시간 중에는 영어를 쓰게 하는데, 그렇다고 아이들이 온종일 영어로만 말하느냐? 그건 또 아닙니다. 쉬는 시간에 아이들끼리 있을 땐 당연히 우리말로 대화하지요. 100% 영어로만 말하고 영어로만 생각했다면 아마 소아정신과가 더 많이 생겼을지도 모릅니다.

몇 년 전 호주에 교사연수를 갔을 때, 방학을 이용해서 한 달짜리어학연수를 온 초등학생들을 봤습니다. 점심시간에는 한국 학생들끼리 모여서 우리말로 신나게 떠드는 걸 흔히 볼 수 있었지요. 잘못됐다는 게 아니에요. 아이들은 어른들 욕심과 달리 영어 사용을 늘리겠다고 애쓰지 않고, 또래에 맞게 크고 있는 겁니다.

유아 대상 영어학원의 부작용

앞에서 유아 대상 영어학원이 별 효과가 없다는 이야기를 했습니다. 더 나쁜 점은, 아이를 어릴때부터 무리하게 영어에 노출시키면 과잉 학습 장애와 같은 부작용이 우려된다는 겁니다. 한마디로 과하면 부작용이 우려되는데, 적당히 하는 것은 또 별 효과가 없다는 말이지요.

유아 대상 영어학원은 소아정신건강의학과 전문의들이 꼽은 "영유아 발달에 적합하지 않은 조기 영어교육의 유형" 1위에 꼽히기도 했습니다. 2015년 사교육걱정없는세상이 소아정신건강의학과 전문의를 대상으로 설문한 결과, "유아 대상 영어학원"(60%)은 "비디오, 스마트폰 등 영어 영상물"(50%)보다 아이들에게 더 해롭다는 결과도 나왔지요.

이름부터 잘못된 '영어유치원'

|

2011년 유아교육법 개정을 통해 '영어유치원'이란 명칭은 더는 사용할 수 없게 됐습니다. 하지만 '영어유치원'이라는 명칭이 이미 고유명사처럼 자리를 잡아서 오해를 불러일으키고 있지요. '전일제 유아 대상 영어학원(영어유치원)'을 유치원의 대체 개념으로 생각하게 되어버린 겁니다.

일찍 영어를 시켜도 결국 따라잡힌다

중고등학생들을 보며 깨달은 점은 조기 영어 사교육이 큰 영향이 없다는 겁니다. 어릴 때 유아 대상 영어학원에 다닌 경험이나 초등학교 때 영어학원을 다닌 아이들이 있는지 직접 설문조사를 해본 적이 있습니다. 그런데 그렇게 영어 조기교육을 한 아이들과 그렇지 않은 아이들 사이에 성적에서 큰 차이가 없었어요.

유아 대상 영어학원부터 초등학생 대상 영어학원, 사립초등학교, 어학연수 등 조기교육 코스를 밟아온 아이들 중에 학습능력이 좋고 부모와의 관계가 좋은 일부만이 그 트랙으로 성공합니다. 그 소수를 보고 모든 부모와 아이가 따라 움직이고 있는데, 그러려면 정말 많은 돈을 계속 쏟아부어야 합니다. 또 그렇다고 하더라도 꼭 성공이 보장되지도 않습니다. 사교육비 투자 외의 다른 요인들도 많기 때문입니다.

중학교부터는 공부 잘하는 아이들이 영어도 잘합니다. 어릴 때부터 영어학원을 얼마나 다녔는지는 중요하지 않습니다. 중학교부터는 교육과정에서 요구하는 학습량이 많아져서, 여러 분야를 빨리 소화해내야 하지요. **전반적인 학업 성취도가 높은 아이들이 영어뿐 아니라 모든 과목에 있어서 자존감과 자신감을 가지고 공부하게 됩니다.**

즉 중학교 이후 영어 능력은 영유아 시기의 영어 조기 사교육 여부와는 별개로, 학습 성취도와 연관이 크다는 이야기입니다. 스스로 꾸준히 공부하는 습관을 다져온 아이들이 영어를 더 잘합니다. 어릴 때부터 학원 다니며 공부해온 아이들은 오히려 본인만의 공부 스타일을 찾을 기회를 잃어버리는 부작용을 겪더라고요.

'사교육 로드맵'을 맹신하는 부모들에게

제 이야기는 무조건 학원 다니지 말란 말이 아닙니다. 사교육 시장이나 소위 '옆집 엄마'가 제시하는 매뉴얼대로 하면 다 같은 결론을 얻을 것이란 기대가 잘못됐다는 거지요. 학원 다녀서 성적이 오르는 아이들은 일부일 뿐이란 이야기입니다. 학습에서 '어떤 학원'이라는 변수보다는 '그 아이'라는 변수가 더 크다는 말을 하고 싶어요.

사교육이라는 트랙을 꾸준히 밟아서 끝내 성공하려면 부모가 정말 많은 에너지를 그쪽에 쏟아부어야 합니다. 그걸 할 수 있는 부모들도 아주 소수이고, 아등바등 흉내 내려고 하면 스트레스만 받게 됩니다.

우리 아이를 잘 키우려면 옆집 아이를 보지 말아야 합니다. 다른 집 아이를 보고 비교해서 "우리 애만 뒤처지면 안 되지" 하고 사교육을 따라 시키지 말아야 한다는 말입니다. **부모가 자기 삶을 잘 살아내는 것이 가장 좋은 교육이에요.** 부모가 차라리 게으르거나 무관심한 게 아이들에겐 더 좋을 수 있어요.

영어학원을 다니고 안 다니고의 문제는 결정적인 변수가 아닙니다. 눈앞의 욕심을 채우기 위해 아직 영어 공부에 흥미가 별로 없는 자녀를 '빡세게' 공부시키는 영어 전문학원에 보내면 당장은 조금 앞서나갈 수 있을지 모르지만, 길게 본다면 결코 현명한 선택이라고 할 수 없습니다.

영유아 사교육과 법적 규제

|

남들보다 앞서 나가겠다는 욕심에, 또는 뒤처지면 안 된다는 불안에 너도나도 뛰어들고 있는 영유아 사교육. 이런 '과열' 현상을 해결하기 위해 법적인 규제가 어느 정도 필요합니다.

현재 시행되고 있는 사교육과 조기교육 관련 규제로는 '선행학습 금지법'과 '학원 심야교습 금지법' 등을 들 수 있다.

여기서 '선행학습 금지법' 또는 '공교육 정상화법'이라 불리는 '공교육 정상화 촉진 및 선행교육 규제에 관한 특별법'은 2014년부터 시행되고 있다. 초·중·고교 및 대학의 정규 교육 과정과 '방과 후 학교' 과정에서 선행교육을 금지하는 것은 물론, 선행학습을 유발하는 평가를 하지 못하도록 금지한 법이다. 또 학원·교습소 등 사교육 기관은 선행교육을 광고하거나 선전하지 못하게 하는 내용도 담겼다.

방과 후 교실도 이러한 선행교육 금지 대상에 포함돼, 초등 1·2학년 방과 후 영어 수업도 원칙적으로 불가능해졌다. 하지만 공교육에서 영어교육이 이뤄지지 않으면 학생들이 사교육으로 몰린다는 비판과 학부모들의 반발로 인해 정부는 초등 1·2학년 방과 후 영어 수업은 2018년 2월까지 선행교육 금지 '예외'로 지정했다.

유예기간이 끝나자 초등 1·2학년 방과 후 영어 수업은 금지됐지만, 학부모들의 불만은 다시 높아졌다. 결국 정부는 2019년 3월 법을 개정해 초등 1·2학년 방과 후 영어 수업을 다시 선행교육 금지 '예외'로 규정했다. 금지된 지 1년 만에 초등 1·2학년 방과 후 영어 수업은 '놀이 중심'이라는 이름으로 재개된 것이다.

사교육 시장 규제 방법은 못 찾는 상황에서 (선행학습금지법처럼) 공교육에서만 규제를 하면 '풍선효과'가 나타날 수밖에 없습니다. 풍선의 한 곳을 누르면 다른 곳이 팽창하는 것처럼, 한 현상을 억제하면 다른 현상이 불거져 나오겠지요.

특히 유아 대상 영어학원이 전체 영유아 사교육 시장에 주는 신호가 큽니다. '남들은 저렇게까지 돈을 들여서 사교육을 시키는데'라는 생각에 모두가 불안해지지요. 그래서 영유아기 사교육 총량 규제와 같은 논의가 필요합니다.

영유아 사교육을 조장하는 사립초등학교

사립초등학교에서 행해지는 과도한 영어교육도 계속해서 감시할 필요가 있습니다.

사교육걱정없는세상이 2019년 11월 서울 사립초등학교 9곳을 조사한 결과 일부 학교는 방과 후 영어 수업 때 미국 초등학교 교과서로 공부시키거나 참여를 사실상 강제하고 있었습니다. 또 영어 수업을 주당 최대 19차시까지 진행하는 등, '최대 5차시'라는 교육청의 권고를 무시하고 있었습니다.

2012년 사교육걱정없는세상이 서울 사립초등학교 40곳을 조사한 결과에서도, 불법적인 1·2학년 영어 몰입교육 시간이 평균 일주일에 7시간, 연간 255시간에 달하는 것으로 드러난 바 있습니다.

사립초등학교의 과도한 영어교육은 그대로 영유아 영어 조기교

육으로 이어집니다. 사립초등학교의 영어 레벨 테스트에서 좋은 점수를 받기 위해 학부모들은 일찍부터 영유아 대상 사교육 프로그램이나 학원 등을 선택하게 됩니다. 사립초등학교의 영어 교육과정에 대한 감시가 필요한 이유입니다.

사교육에 대한 직접 규제가 무리해 보일 수 있다 해도 논의는 반드시 필요합니다. 교육의 문제만이 아니라 아동인권 차원에서 접근해야 할 필요도 있어요. 유명 영어 전문학원의 방학 중 프로그램 선전 문구 중에 "1만 시간을 향한 학습 로드맵 프로그램"이라는 문구가 있었습니다. 방학 중에 1만 시간의 학습량을 채워주겠다는 것이지요.

1만 시간, 아이가 이 정도의 공부를 견뎌낼 수 있을까요? 아동의 인권을 생각하지 않는 처사입니다.

현행 교육과정에 대한 심도 있는 논의가 필요하다

앞서 언급한 것처럼 '영어유치원'이라는 명칭은 유아 대상 영어학원을 유치원의 대체 개념처럼 오해하게 합니다. 다행히도 정부에서는 2020년 1월 21일 기준으로 '영어유치원'이라는 불법적인 이름을 사용하는 유아 대상 영어학원을 더 강하게 처벌하는 방안을 검토하기로 했습니다.

현행 유아교육법 시행령은 유치원이 아닌데 유치원이라는 이름을 쓸 경우, 1회 위반 시 200만 원, 2회 위반 시 300만 원, 3회 이상

위반 시 500만 원의 과태료를 부과하도록 규정하고 있습니다. 하지만 벌금(형사 처분) 등 처벌 규정이 없는 데다, 신고를 거쳐 선별적으로 과태료를 부과하다 보니 실제 단속에는 한계가 많았지요.

—— 과태료와 벌금의 차이

과태료는 의무 위반 사항에 대한 제재로 행정관청이 부과하는 것이고, 벌금은 법을 위반한 혐의로 판결이나 약식명령을 통해 형벌 중 하나인 벌금형으로 처벌받는 것을 말한다.
과태료 부과에 그치는 것이 아니라 벌금형으로 처벌하면 그 기록이 범죄경력자료로 남기 때문에 과태료보다 훨씬 강한 규제가 될 수 있다.

하지만 규제만 강화한다고 해결될 리가 없습니다. 사교육은 공교육이 미처 채우지 못한 빈틈을 파고들어 시장을 키워나가기 때문이지요. 현행 교육과정에 대한 심도 있는 논의가 필요합니다.

사교육 과열에 일조하는 현행 교육과정

중학교 이후에는 학년이 올라갈수록 1년마다 교과과정 수준이 가파르게 올라갑니다. 수업시간 외에 상당한 학습량을 쏟아붓지 않고서는 쫓아갈 수 없는 수준이지요. 그렇다면 무조건 수업시간에 배운 것만으로 도달할 수 있는 수준으로 교육과정을 짜야 하느냐? 이건 논의가 필요한 문제입니다. 하지만 이런 논의 자체가 전무한 상황입니다.

수능 문제는 고3 교과서보다 더 어렵습니다. 수업 열심히 들었다고 풀 수 있는 수준이 아니지요. 수능 영어가 절대평가로 바뀌면서 오히려 문제가 더 까다로워지고 난이도가 올라갔다는 사실, 알고 계신가요? 그런 게 바로 사교육 시장에 빌미를 제공합니다. "절대평가라고 해서 영어를 우습게 보면 안 돼!"라는 메시지를 주는 거지요.

학교 현장에서 보면, 고등학교 1학년이 되면 이른바 '영포자', 영어를 포기한 아이들이 많이 생겨납니다. 학교 영어 수준을 따라가지 못하는 거예요. 고등학교 첫 중간고사를 보고 나면 겁먹고 포기해버리지요.

고등학교 이후에 성적이 올라가는 아이들은 정말 소수인데 영어, 수학이 제일 큰 벽입니다.

영어 시험은 만점, 실제 영어는 빵점?
수능에서 영어 1등급을 받은 아이들 중에는 영어로 된 소설이나 동화책을 한 번도 안 읽어본 아이들이 대부분이고, 이런 책에 나오는 쉬운 단어들을 오히려 모르는 경우도 많습니다.

긴 내용에서 일부만 발췌해온 어렵고 딱딱한 지문이 위주가 되는 수능 독해는 다양성이 부족하고 특정 분야에 편중되었다는 문제가 있습니다.

저는 모든 아이들이 똑같은 수준의 영어를 배울 필요가 없다고 생각합니다. 기본적인 수준이 되면 학문적 영어, 실용 영어 등 다양한 목표에 따라 공부할 수 있도록 열어주고, 수능에서는 공통된 교육과정만 평가한다면 된다고 봅니다.

우리 아이들은 수능 영어만 공부하느라 영어를 재밌게 읽어본 경험이 없어요. 이런 점에서 우리나라 영어 공교육은 실패했다고 볼 수 있지요.

선행학습은 반칙이다

지금 학교는, 고액을 들여 선행학습을 하고 오는 게 당연하고 더 나아가 그게 부모 능력의 척도로 평가되는 이상한 상태입니다. 언제까지 우리 아이들이 공부하는 교실에서 이런 '반칙교육'을 허락해야 할까요?

외국에서는 아이들한테 선행학습을 시키면 교사의 수업권과 다른 학생들의 학습권을 침해했다고 해서 제지를 받습니다. 그런데 우리나라는 학생들이 거의 다 선행학습을 하고 학교에 오니까, 교사들도 선행학습을 하고 온 아이들한테 초점을 맞춰서 수업을 진행하지요.

선행학습은 반칙입니다. 반칙한 선수가 경기에 이겨서는 안 됩니다. "선행학습은 반칙이니까 반칙한 아이들은 그렇지 않은 아이들을 기다려줘야 해"라고 말할 수 있는 사회가 돼야 합니다.

_취재: 김정아 · 최규화 기자

독서교육의 골든타임은
영유아기라고 하던데요

학습이 아닌 정서적 공감을 위한 책 읽기

#함께읽기
#독후활동 #북스타트

정승훈
국제도서관교육연구소 연구원

전문 북시터이자 어린이도서관교육지도사, 논
술지도사. 교육시민단체 사교육걱정없는세상의
대표강사로 학부모 대상 상담과 강의도 진행한
다. 학부모 사교육 상담 사례집 《불안을 주세요
안심을 드립니다》에 상담위원과 편집위원으로
참여했다.

책 읽기를 강조하는 말들은 동서고금을 막론하고 늘 있어 왔습니다. 그래서인지 자녀를 똑똑하게 키우기 위해 독서교육을 선택하는 부모들이 많지요. 영재교육의 비법에도 독서가 빠지지 않습니다. 그런데 그러다 보니 아직 한글을 떼지 못한 영유아기 아이들에게까지 독서교육을 시키는 일이 벌어지고 있습니다.

과거에는 인간으로서 교양을 쌓고 인격을 닦기 위해서 책 읽기를 강조했다면, 지금은 국어나 영어, 논술 등 교과목에서 점수를 잘 받기 위한 '기초학습'으로, 아이들의 지능을 좋게 만들기 위한 '두뇌계발 수단'으로 공부하듯 아이에게 책을 읽히는 경우가 많아졌다고 합니다.

사교육 업체에서 "영유아기 때 독서습관을 들여주면 한 아이의 미래를 결정지을 수 있다", "3세 미만부터 책에 대한 호감을 만들어야 한다", "책 읽기 습관 형성에도 골든타임이 있다" 등의 논리로 영유아 대상 독서교육 프로그램을 홍보하는 경우를 쉽게 접할 수 있습니다.

"책 많이 읽은 아이가 공부도 잘한다." 부모들 사이에서 '정설'처럼 여겨지는 이 이야기는 과연 사실일까요? 영유아에게 영어책을 들이밀고 독서를 사교육으로 접하는 시대에서, 올바른 독서를 위해 할 일은 무엇일까요?

—— 가장 인기 있는 영유아 사교육 과목

2017년 육아정책연구소의 〈2세 사교육 실태에 기초한 정책 시사점〉(김은영) 보고서에 따르면, 만 2세가 받는 사교육 중에는 '한글, 독서, 논술'이 28.6%로 가장 많았다.

공부하듯 책을 읽히는 시대

방송에서 시작된 책 읽기 열풍

사교육 시장에서 독서교육의 비중이 크게 늘어난 때는 언제일까요? 저는 2000년대 초반이라고 생각합니다. MBC 〈느낌표: 책책책 책을 읽읍시다〉 등 책과 관련된 방송 프로그램이 크게 인기를 끌고, 그 영향으로 '기적의 도서관' 프로젝트로 대표되는 어린이 전문 도서관 건립 사업을 진행하던 때입니다.

—— **독서교육 시장 실태**

한 업체의 독서 프로그램 회원 수는 2014년 출시 당시 8,000여 명이었으나 1년 만에 그 수가 약 17만 명으로 늘었다. 2016년에도 약 37만 명으로 크게 증가했다.

다른 업체의 독서 프로그램 회원 수도 2011년 77만 명에서 2016년 96만 명으로 늘었다.

또 한 영어교육 업체가 2016년 11월 미취학·초등학교 저학년 자녀를 둔 학부모 509명을 대상으로 설문조사한 결과, "초등학교 입학 전에 꼭 선행학습이 필요하다고 생각하는 과목(복수응답)"에 대한 답으로 "국어·한글"이 62.4%, "독서·논술"이 14.8%의 비중을 차지했다.

이때 미디어를 통해서 독서의 중요성이 크게 강조된 상황에서 사교육 업체들이 독서의 의미를 학습적인 방향으로 적극 확대하기 시작했습니다. 부모들은 독서 사교육이 읽기, 쓰기 활동을 연결시킬 수 있으니 여러 학습을 한번에 해결할 수 있다는 느낌을 받았을 겁니다. 이후로도 독서교육 '시장'은 계속 확대되고 있습니다.

"책 많이 읽는 아이가 공부도 잘한다"는 신화

그렇다면 정말 영유아기 독서가 초등학교 이후 학습능력으로 연결될까요? 전체적인 이해력을 얻을 순 있을 것 같습니다. 이때 학습과 중요하게 연결되는 지점이 있다면 배경지식과 어휘력입니다. 생활에서 쓰는 단어와 책에서 읽는 단어의 수준과 양에 차이가 있을 수밖에 없기 때문입니다.

하지만 "이것만 하면 1등 한다", "이것만 시키면 성적 오른다" 하는 식으로 어떤 조건이나 환경을 제공하면 다 같은 결과를 얻을 거라는 이야기는 신화에 가깝습니다. "공부 잘하는 아이는 책 많이 읽는 아이"라는 잘못된 믿음 역시 부모들의 마음속에 신화처럼 들어 있지요.

"옆집 누구는 이런 책까지 읽는대"

사교육으로 진행되는 영유아 독서교육, 무엇이 문제일까요? **책에 대한 취향과 수준은 사람마다 다른데, 독서를 사교육으로 하면 연령**

에 따라 정해진 포맷과 커리큘럼대로 활동을 합니다. 아이 입장에서는 그렇게 획일화된 활동이 싫을 수밖에 없습니다. 그리고 독서 사교육은 아이의 인지능력과 상관없이 너무 많은 책을 읽히는 경향이 있습니다. 이것 역시 아이들이 책을 싫어하게 만듭니다.

우리 교육은 항상 '내 아이'를 중심으로 가지 않고 '옆집 아이'와 비교하는 쪽으로 흘러갑니다. 정해진 포맷, 정해진 커리큘럼의 사교육 독서 프로그램을 선택하는 이유입니다. 중·고등학생 대상의 사교육 시장이 지금 많이 위축되면서, 사교육 시장 중에서 유일하게 열려 있는 곳이 영유아 쪽이라는 이야기가 있습니다.

사교육 업체들은 공부 잘하는 아이를 둔 부모들에겐 "왜 가만히 두느냐, 더 시키면 더 잘할 거다"라고 말하고, 공부 못하는 아이를 둔 부모들에겐 "지금 안 시키고 이대로 두면 나중에 큰일난다"고 말합니다. 불안 마케팅이지요. 한번 뒤처지면 못 따라갈까 불안한 마음을 살짝살짝 건들기만 해도 부모들이 지갑을 여는 겁니다.

영유아 독서교육으로 한글을 깨칠 수 있을까

영유아 독서교육이 한글을 깨치는 데 도움이 되지는 않는지 물어보시는 분들이 많습니다. 책만 읽어줬는데 스스로 한글을 깨쳤다는 아이도 있지만, 모든 아이가 그렇진 않습니다. 그런 점에서 '책을 그렇게 많이 읽어줬는데 우리 애는 왜 한글을 모르는 거야?'라고 생각할 필요가 없습니다.

듣고, 말하고, 읽고, 쓰는 능력 중 듣기와 말하기는 언어적인 것이지만, 읽기와 쓰기는 학습의 영역으로 들어갑니다. 우리가 특별히 교육을 받지 않아도 말은 다 할 수 있지만, 문자를 읽고 쓰는 능력은 학습으로 배양해야 하잖아요. '안 배워도 할 수 있는 것'과 '배우지 않으면 못하는 것'으로 나뉘는 겁니다.

그렇지만 **한글교육은 굳이 일찍 시작하지 않아도 됩니다.** 많은 부모가 한글을 모르고 초등학교에 들어가도 되나 걱정하는데, 초등 교육과정이 바뀌었기 때문에 학교에 입학하고 바로 알림장이나 일기 쓰기를 하지 않습니다. 한글교육 시수도 늘어났습니다.

정 불안하다면 7세가 끝나갈 때쯤 한글 학습을 시작해도 됩니다. 그것도 사교육으로 학습지 같은 걸 하기보다는 가족, 본인, 친구 이름 쓰기, 좋아하는 과자 이름 읽기, 받침이 어렵지 않은 간단한 낱말 읽기 정도만 하면 충분합니다.

왜 그럴까요? 한글교육이 제대로 이뤄지려면 '인지'의 나이가 자라야 하기 때문입니다. 인지능력이 높아진 7세 때쯤 한글을 배우면 그보다 어릴 때 몇 년 걸려 어렵게 배우는 것을 몇 달 만에 재미있게 배울 수 있습니다.

영유아 '독서 솔루션'의 맹점

영유아 독서교육이 얼마나 발전했느냐면, 영유아를 대상으로 독서 능력을 검진하는 프로그램이 출시되었을 정도입니다. 독서의 영역별 균형, 독서 선호도와 습관 등을 분석해, 인공지능AI 알고리즘을 이용한 맞춤 솔루션을 제공한다고 홍보하지요. 모바일을 통해 검진하고, 이후 담당자가 가정을 방문해 솔루션을 제공한다고 합니다.

하지만 사실 독서 능력은 평가가 불가한 정성적 부분이 더 큽니다. 그래서 독서 능력을 객관화해 평가한다는 것은 앞뒤가 안 맞는 말이지요. **아이가 책을 잘 읽게 하려고 부모가 환경을 만들어줄 필요는 있습니다. 하지만 "어떤 환경을 만들어주기만 하면 아이가 끝까지 책을 잘 읽을 수 있다"는 건 또 다른 이야기입니다.**

독서 능력 검진을 비롯한 모든 검사는 참고용일 뿐, 전적으로 믿고 의존하거나 더 좋은 결과를 얻기 위해 욕심낼 필요는 전혀 없습니다. 욕심을 내다 보면 오히려 잃는 것이 더 많습니다.

올바른 영유아기 독서 방법

부모와 아이가 함께하는 독서는 정서적 공감이 목적이 되어야 합니다. 영유아기 아이들이 함께 책 읽기를 좋아한다면 책보다는 엄마, 아빠와 보내는 시간 자체를 좋아할 가능성이 큽니다. 책은 그 매개체일 뿐입니다. **영유아기 아이들은 책의 내용을 기억하는 게 아니라 부모가 책을 읽어주던 그때의 '분위기'를 기억합니다.** 그 경험이 아이의 정서를 좌우합니다.

그렇다면 언제부터, 어떻게, 어떤 책을 읽어주는 게 좋을까요? 부모와 즐겁고 재밌게 읽을 수 있다면 굳이 제한을 둘 필요는 없습니다. 그래도 굳이 추천한다면 '잠자리 독서'가 있습니다. 잠자리 독서는 정서적 공감 형성에 탁월한 효과를 보입니다.

또 책을 고를 때는 아이의 선택을 존중해야 합니다. 아이의 선택을 존중하지 않으며 책을 사는 대표적인 사례가 바로 '전집'입니다. 부모들은 어떻게든 학습과 연결되기를 바라는 마음이 있기 때문에 전집을 삽니다. 하지만 학습을 목적으로 책을 고르니 아이들은 재미를 못 느끼지요.

연령별 독서 목록, 얼마나 도움이 될까

아이의 연령에 맞는 책을 읽어야 한다고 생각하는 부모들이 많습니다. 특히 독서 사교육 프로그램을 보면 연령을 기준으로 독서 목록과 활동을 미리 짜놓은 경우가 많습니다. 하지만 연령은 객관적인 반면 아이의 관심은 주관적입니다. 책만큼 사람마다 다르게 접하는 게 또 있을까요? 읽고 싶은 책, 좋아하는 책은 아이마다 다릅니다. "몇 살이 되면 어떤 수준의 책을 읽을 수 있다" 하는 기준은 있지만, 그게 가능한 아이가 있고 가능하지 않은 아이가 있습니다.

"이 나이가 되면 이 정도 수준은 읽어야 한다"는 건 부모 욕심입니다. 부모들은 대개 아이가 자기보다 어린 아이들이 읽는 책을 읽으면 "우리 아이가 발달이 늦나?" 걱정합니다. 그건 순전히 부모 생각이에요. 아이가 좋아하는 책이 가장 좋은 책입니다. 책만큼은 원하는 대로 읽게 해야 독서 습관을 계속 유지할 수 있습니다.

책을 안 읽게 만드는 첫 번째 지름길이, 아이가 읽고 싶지 않은 책을 억지로 읽히는 겁니다. 책이 '어려운지 쉬운지'의 기준은 '아이에게 잘 맞는지 안 맞는지'와 다릅니다. 나이에 비해 수준이 낮거나, 반대로 높다 하더라도 아이가 원한다면 일단 읽어주세요. 아이가 반응을 보이지 않거나 싫다고 하면 그때 덮으면 됩니다.

'읽기 독립'을 꼭 시킬 필요는 없다

아이와 책을 읽을 때는 "무엇을 읽힐까" 말고도 "언제까지 읽어줘야 할까"가 고민되기도 합니다. 아이가 한글을 깨치고 나면 직접 읽게 하는 게 좋지 않을까 하는 고민이지요. 하지만 책 읽어주는 일에는 나이로 제한을 둘 필요가 없습니다.

거듭 강조하지만, 정서적 공감이 중요하기 때문입니다. **엄마, 아빠가 읽어주는 게 싫다고 거부하는 아이만 아니라면 언제까지라도 책을 읽어주세요.** 책이 아니라 아이와 함께하는 시간이 중요합니다. 아이는 그런 분위기, 정서적 공감이 좋아서 부모한테 책을 읽어달라고 하는 거니까요.

초등학교 가면 읽기 독립을 해야 한다고 억지로 애쓰는 부모가 많습니다. 하지만 그 시기는 아이마다 다릅니다. 아이 혼자 책을 읽을 때, 수준에 안 맞는 책이라면 글자를 읽기는 해도 내용이 이해되지 않을 수도 있습니다.

만화책도 과연 도움이 될까

아이가 만화책을 읽으면 부모는 걱정합니다. 만화책은 글 양도 적고 호흡도 짧아서 독서 습관 형성에 부정적이라고 보는 전문가들도 있습니다. 하지만 **독서를 학습과 연결시키기 때문에 만화책, 그리고 학습 만화책마저도 좋지 않다고 생각하는 것입니다. 책을 싫어하는 아이들은 만화책도 읽지 않지요.**

다만 영유아기에 만화책을 너무 일찍 보여주는 건 좋지 않다고 생각합니다. 영유아기에는 만화책보다 그림책을 보는 게 더 좋습니다. 그렇지 않아도 아이들은 초등학교에 가면 만화책만 읽고 그림책은 안 보는 거라고 생각하는 경우가 많은데, 영유아기부터 만화책을 읽으면 그림책은 더더욱 안 읽게 될 수 있으니까요. 그림책은 그림으로 이야기하는 책입니다. 그림을 보며 정서를 키우고 미적 감각도 익힐 수 있습니다.

스마트 시대의 책 읽기

요즘은 스마트폰 때문에 영상 매체를 일찍 접하는 아이들이 많습니다. 스마트 기기의 최초 이용 시기가 평균 2.27세라는 연구 결과도 있을 정도입니다.* 스마트 기기가 생활 깊이 들어오면서 독서 활동도 변했습니다. 직접 책을 '읽는' 대신, 영상으로 '보고' 음성으로 '들을' 수도 있는 시대가 됐습니다.

실제로 스마트 기기로 책을 '보고' '듣는' 프로그램들이 다양하게 출시돼 있습니다. 일부 제품들은 스마트 기기를 통한 독서가 독서량을 늘리는 데 효과적이라고 홍보합니다. 하지만 스마트 기기의 강한 자극에 빠져들면 책이 심심하게 느껴지기 때문에 영유아기에는 종이책으로만 활동하는 게 좋습니다.

또 영유아기의 독서 활동은 반드시 사람과의 상호작용이 있어야 합니다. 스마트 기기로도 충분히 지식과 정보를 쌓을 수는 있지만, 영유아기에는 교감 없는 일방적인 매체 접촉은 좋지 않습니다.

이건 영유아기 책 읽기의 목적을 학습이 아니라 '정서적 공감'에 두라는 말과 같은 맥락이라고 할 수 있습니다. 영유아기에는 책을 만지고 뜯고, 책으로 탑을 쌓고 도미노를 세우며 놀더라도 책을 가지고 놀게 돼야 합니다. 아이가 책장에서 직접 책을 빼서 만지고 놀

● 　이정림·도남희·오유정, 〈영유아의 미디어 매체 노출실태 및 보호대책〉, 《연구보고》 2013–15, 서울: 육아정책연구소, 2013

고 꽂아놓는 것 자체가 책 읽기 활동에 포함되기 때문입니다.

영유아기 아이들과 할 수 있는 독후활동

책을 읽은 뒤에는 책과 관련된 활동을 함께하면 좋습니다. 문제는
이런 독서 후 활동 역시 '학습'이 목적인 경우가 많다는 거지요. 평
면적으로 책만 읽는 것보다 활동과 연결하는 게 좋지만, **인지적으**
로 접근하지 말고 책에 관한 좋은 추억으로 남게 해야 합니다.

—— 독후활동의 효과

〈독서 후 통합활동이 유아의 창의성과 자아개념에 미치는 영향〉
(곽방은·이경화, 2018) 연구에서는, 독서 후 통합활동이 유아의
창의성과 자아개념을 향상시키기에 적절하다는 것을 확인했다.
연구자들은 어린이집에 다니는 만 5세 유아 28명을 둘로 나눠
실험연구를 진행했다. 한쪽 집단에는 12차시로 구성된 독서 후
통합활동을, 다른 집단에는 만 5세 누리과정 주제에 따른 활동
을 진행한 결과, 독서 후 통합활동이 유아의 언어창의성 향상에
유의미한 영향을 준 것으로 확인됐다.
창의적 성격에 있어서 호기심, 독립심, 과제집착력, 전체 창의적
성격이 향상됐고, 통합창의성도 마찬가지였다. 자아개념에 있어
서도 인지적, 신체적, 총 자아개념 모두 향상되었다.

그렇다면 어떤 활동을 해야 할까요? 영유아기에는 마음에 드는 책의 장면을 간단하게 표현해보거나, 책을 매개로 해 이야기하는 정도면 충분합니다. 가벼운 나들이처럼 책과 관련한 장소를 가보는 방법도 있습니다. 좋아하는 작가가 생겼다면 도서관에서 작가와의 만남 같은 행사에 참여해보아도 좋고, 책에 실린 그림의 원화 전시회에 가는 것도 좋습니다.

아이가 흥미를 느끼는 부분을 확장해나갈수록 좋습니다. 예를 들어 곤충 같은 생명체를 좋아하는 아이들은 나중에 진화라는 어려운 주제까지 흥미를 이어갑니다. 그 분야의 다른 책이나 영화를 보여주어도 좋고, 식물원, 박물관 등에 가보는 활동도 좋습니다. 한 가지 주제에 너무 고착되거나 갇히지 않게 그 분야가 왜 좋은지 물어보고 그 이유에 맞춰 다른 주제로도 확장해주세요.

책은 많이 읽을수록 좋다는 오해

양이 많다고 다 좋은 게 아닙니다. 옆집에서 한다고 꼭 우리도 해야 하는 건 더더욱 아니고요. 독서 후 활동의 경우만 봐도, 너무 많은 시간과 노력이 들어가는 활동은 절대 권하고 싶지 않습니다. 독서가 아닌 활동이 중심이 되면서 주主-부副가 바뀌어버리고, 부모가 부담을 느끼면 꾸준히 하기도 어렵기 때문입니다.

책을 거실 가득 사둘 필요도 없습니다. 책이 너무 많아도 아이에게는 부담이 됩니다. 영유아기나 초등학교 때까지는 책이 책꽂이에

꽂혀 있지 않아도 됩니다. 정말 책이 꽂혀야 할 시기는 청소년기인데, 우리는 거꾸로 합니다. 중·고등학생이 되면 아이가 좋아하던 책은 책꽂이에서 다 사라지고 교과서와 학습지만 꽂혀 있으니까요.

독서에 대한 부모의 역할도, 부모가 할 수 있는 정도까지만 하면 됩니다. 좋다는 것만 무작정 좇으면 나중에 힘들어지고 보상심리도 생깁니다. '내가 아이한테 해준 게 얼만데, 왜 얘는 성적이 안 오르는 거야?'라는 생각이 듭니다. 부모에게 주어진 상황과 환경에 맞게 하는 게 제일 좋습니다. 그래야 같은 태도를 오래 유지할 수 있고, 아이들도 그 태도를 자연스럽게 받아들일 수 있습니다.

유튜브가 책을 대신할 수 있을까

최근에는 '북튜버(Book+Youtuber)'라는 신조어도 생겼습니다. 직접 책을 펼치지 않고도 북튜버를 통해 내용을 듣는 것으로 책 읽기를 대신할 수 있지요.

책을 직접 읽는 게 거친 잡곡밥을 먹는 거라면, 북튜버를 통한 책 읽기는 미음이나 죽처럼 소화하기 좋게 만든 유동식을 먹는 것과 같습니다. 쉽고 편리하지만, 다른 사람의 눈으로 읽은 것을 다시 섭취하기 때문에 자기만의 시각을 갖기가 어렵습니다. 책을 읽고 해석하는 감성과 비판적 사고능력이 없어질 수도 있습니다.

올바른 독서교육의 방향

부모와 아이의 관계에 긍정적인 영향력을 발휘하고, 아이의 발달에도 좋은 영유아기 독서. 국내에서도 이러한 장점들을 고려한 다양한 정책사업들이 시행되고 있습니다. 대표적인 예가 '북스타트Bookstart' 운동입니다.

── 북스타트 실시 사례: 서울시

서울시는 2019년부터 18개월 이하 영유아와 양육자를 대상으로 영유아 발달단계에 맞춘 독서 프로그램 '서울형 북스타트' 사업의 시범운영을 시작했다. 각 자치구 공공도서관을 통해 그림책 두 권과 북스타트 가이드북, 도서관 안내 리플릿 등이 든 책꾸러미를 제공하며, 영유아 발달단계에 맞춘 독서 프로그램과 육아 정보 서비스, 육아 커뮤니티와 자원 활동가도 지원한다.

북스타트 운동은 1992년 영국에서 출범했습니다. 그림책을 매개로 아기와 부모가 풍요로운 관계를 형성하고 대화를 통해서만 길러지는 인간적 능력들을 심화시킬 수 있게 돕지요. 우리나라에서는 사회적 육아 지원과, 기회의 편차 및 불평등을 최소화하는 장치를 만드는 것을 북스타트 운동의 궁극적인 목표로 삼고 있습니다. 국내에서는 전국 228개 가운데 141개 지방자치단체에서 북스타트 사업을 시행 중입니다(2018년 10월 기준).

학교에서 시행하는 독서교육 사업으로는 '한 학기 한 권 읽기'가 대표적입니다. 책 한 권을 읽고 생각 나누기, 독서일지 쓰기, 서평 쓰기, 책대화 하기, 독서토론 하기 등 다양한 활동으로 전개하는 통합적 독서교육입니다. 2018년부터 초등학교 3학년 이상 학생들을 대상으로 시행됐습니다.

'한 학기 한 권 읽기'는 아주 좋은 사례라고 할 수 있습니다. 독서교육은 공교육 내에서 하는 게 좋습니다. 사교육과 달리 모든 아이가 고르게 수혜를 받을 수 있고, 부모들도 부담이 줄기 때문입니다. 더불어 책 읽는 분위기가 자연스럽게 생겨납니다.

하지만 학교 안 독서교육도 어떤 보상을 얻기 위한 '강화물'로 책을 바라보지 않도록 경계해야 합니다. 독서골든벨, 독서통장, 독서기록장, 상벌제 등의 평가 방식은 불필요하고 폭력적입니다.

독서를 경쟁으로 만들어서는 안 된다

양으로 승부하거나 경쟁을 시켜서 책을 읽게 하는 건 절대 좋은 방법이 아닙니다. 결과물로 평가하지 않아도 분명히 아이의 마음과 정서와 지식에 복합적인 양분들이 쌓일 것이기 때문입니다.

실제로 2013년 한 방송사가 추진하던 프로그램이 시험과 경쟁을 부추긴다는 교사와 학부모의 반발에 부딪혀 정규 편성이 무산됐습니다. 초등학교 3~6학년생을 대상으로 책 40권을 선정해 독서능력평가시험을 보고, 시험에서 선발된 학생들을 데리고 독서 골든벨 대회를 여는 프로그램이었지요.

독서통장과 같이 독서를 양적으로 평가하려는 생각이 우리 교육의 모든 문제의 근원과 맞닿아 있습니다. 바로 '경쟁을 자극하는 것'이지요. 독서통장을 억지로 쓰면서 점점 더 책을 싫어하게 되기보다는 독서통장을 안 쓰면서 자기만의 속도와 방식으로 책을 즐기는 게 더 중요합니다.

그런 점에서 **책 많이 읽었다고 아이에게 과도한 칭찬을 해서는 절대 안 됩니다.** 아이들은 부모의 칭찬 듣기가 최대 목표이기 때문에 칭찬을 들으려고 억지로 책을 읽게 됩니다. 하지만 사춘기가 되면 부모의 영향력에서 벗어나면서 반대로 책을 멀리하게 됩니다.

불안이 불러온 독서교육

부모들에게는 늘 '불안'이 따라다닙니다. 그렇기 때문에 독서교육을 비롯한 각종 사교육을 시키게 되지요. 책을 많이 읽으면 학습능력이 좋아진다는 생각에 누가 더 많이 읽었나 경쟁하고 평가하기도 합니다. 독서의 목적을 '학습'에 두기 때문에 늘 아이에게 무엇을, 얼마나, 어떻게 읽었는지 묻게 되고요.

독서교육의 목적을 성적이나 입시에 두지 말고, 책 읽는 것 자체

의 즐거움에 두세요. 자기가 원하는 책에 흠뻑 빠져서 읽으며, 책을 삶의 한 부분으로 여기는 아이들이 많아지기를 바랍니다. 우리 교육의 목표 또한 그것이 되어야 합니다.

물론 이를 실천하기는 정말 어렵습니다. 내 문제가 아니라 자식 문제라 변하기가 더 힘이 듭니다. 교육은 사회보다 늦게 변합니다. 지금 사회가 변했고 미래는 더 많이 바뀔 텐데도, 부모가 살아온 삶의 방식을 자녀에게 강요하기 때문입니다.

책 읽는 즐거움을 키우라

교육은 각자도생이 당연하다고 생각하는 사람이 너무 많아서 교육의 양극화가 더욱 심해집니다. 교육의 주체가 되는 부모들이 변하지 않는 게 가장 큰 문제지요. 'SKY'만 가면 행복할 거라고 생각하는 사람이 많지만, 인생은 "좋은 대학에 들어가서 행복하게 살았습니다"로 끝나지 않습니다.

독서의 진정한 목적은 책 읽는 것 자체의 즐거움이어야 합니다. 자발적으로 책을 고르고, 다른 사람과 나누고, 또 확장하고 체험하면서 책이 삶의 한 부분으로 들어와 있으면 언제든 다시 책을 집어 들 수 있습니다.

_취재: 김윤정·최규화 기자

놀이교육은
일반적인 교육에 비해
부작용이 덜하다던데요

놀이교육의 대안, 생태유아교육

#자연산유아교육 #토종닭철학
#주도적놀이 #생태보육

임재택
부산대학교 유아교육과 명예교수

어린이 무상교육 추진과 만 5세 조기 취학 반대
운동, 유보통합 일원화 운동 등 유아교육 문제
에 적극적으로 나서는 유아교육학계 원로다. 한
국생태유아교육연구소 이사장, 부모애숲 이사
장, 부산울산경남생태유아공동체 회장, 한국생
태유아교육학회 고문, 한국숲유치원협회 고문
등으로 활발하게 활동 중이다.

놀이를 표방한 학습이 판치는 세상

아동문학가이자 놀이운동가인 편해문 작가는 책《아이들은 놀이가 밥이다》(소나무, 2012)에서 "노는 아이들의 멸종"을 선언했습니다. 편 작가는 놀이를 팔아 불안을 설파하고 싶지 않다고 했지요. 또 어린아이들에게 놀이를 빼앗고, 경쟁 끝에 마침내 승자가 되라고 닦달한다면 그야말로 잔인한 짓이라고 주장했습니다. 하지만 한국은 어느새 '잔인한 짓'을 하는 국가가 돼버렸습니다.

사교육걱정없는세상이 매년 실시하는 유아교육 박람회 사교육 동향 조사에서 영유아 사교육은 돌 전후로 시작 시점이 낮아지고 있는 것으로 확인됐습니다. 몇몇 업체는 태교 제품에서 사교육 원리를 적용하는 것으로 나타났고요. 또 '놀이'를 표방하는 사교육 프로그램도 여럿 확인됐습니다(2017년 12월 발표).

> 아기가 11개월이라고 해도 영어 노출이 빠른 게 아니에요. 영어를 일찍 시작하는 것을 엄마들이 두려워하는 이유가 모국어 발달을 우선시해야 한다는 생각 때문인데, 우리나라에 살면서 과연 한국어를 못하게 되겠어요? 아이를 영어에 일찍 노출시킬수록 좋아요.(한 영어교육 업체의 상담 내용 중)

하지만 많은 유아교육 전문가들은 '놀이' 뒤에 '교육'이 붙는 일이 바람직하지 않다고 말합니다. **놀이를 표방한 학습은 효과가 없다는 거지요. 사실상 교과학습인 활동에 '놀이'를 붙여 양육자의 판단을 흐리게 할 뿐입니다.**

사교육 말고도 공교육 또한 문제 많기는 마찬가지입니다. 지금까지의 유아교육은 '교실 중심·수업 중심·교사 중심'이었습니다. 1969년 유치원교육과정 제정 이래 50년 동안 아동 중심·놀이 중심 교육을 한다고 거짓말을 해온 거지요.

아이들을 '토종닭'처럼 풀어놓고 키우는 '자연산 유아교육'

그래서 저는 '생태유아교육'을 제안합니다. 1980년대 중반부터 35년 동안 생태유아교육 운동을 이끌어왔지요.

생태유아교육은 대안적인 유아교육의 한 갈래로, 산업문명 발달과 현대의 생태적 위기는 아이들의 삶에 부정적인 영향을 미친다는 문제의식에서 출발했습니다. 건강을 위협받고 놀 자유를 잃어버린 아이들이 점점 더 이른 나이에 교육기관에 맡겨지는 현실을 개선하기 위해, 아이를 "제대로 키우는 방안에 대해 논의하자"는 생각에서 도출된 운동입니다.

저는 생태유아교육을 "우리 민족 고유의 천지인 생명사상과 전통 육아법은 물론, 동서양의 생명사상과 생태사상에 바탕을 둔 유아교육 접근"으로 정의합니다. 한마디로 "아이는 천天·지地·인人이 키운다"이겁니다. 책에서 얻은 지식에만 매달려 아이를 키우는 교육이 아닙니다. 몸과 마음과 영혼이 건강하고 행복한, 신명 나는 아이로 키우는 교육입니다.

이를테면 '봄의 식물', '나비의 한살이' 이런 내용을 책으로 가르칠 필요가 없습니다. 자연으로 나가서 뛰어놀다 보면 다 배웁니다. 아이들을 가둬놓고 양식으로 키우지 말고 자연산으로 키워보세요. 선진국 유아교육은 다 그렇게 이루어집니다. 대한민국이 핀란드나 스웨덴 같은 자연산 유아교육을 하지 못할 이유가 있을까요?

생태유아교육기관의 가장 큰 특징

생태유아교육 기관의 가장 큰 특징은 자연의 순리대로, 사람의 도리대로, 조상의 생활 지혜대로 아이를 키운다는 점입니다. **자연 중심, 놀이 중심, 아이 중심으로 아이를 키우지요.** 50년간 대한민국에서 해온 유아교육에는 삶이 없고 놀이가 없습니다. 생태유아교육에서는 이름만 '자유선택' 활동이고 자유도 없고 선택도 없는, 그런 식의 자유선택 활동은 없앴습니다.

여기서는 아이들이 모든 관계의 주인이 됩니다. 또 한 달에 한 번 부모가 교실까지 들어와서 같이 청소를 합니다. 청소가 목적이 아니라, 그러면서 아이가 노는 공간을 직접 다 보게 하는 거지요. 그러고 나면 부모가 직장에 가도 안심이 되지 않겠어요? 그런 교육으로 부모의 신뢰를 얻으면 보육실 CCTV를 뗄 수 있습니다.

아이에게 놀이를 되돌려주다

생태유아교육 기관은 산책, 텃밭 가꾸기, 세시풍속 잔치, 바깥놀이, 손끝놀이, 세대 간 통합 교육, 숲체험 등을 합니다. 소금 양치, 호흡·명상, 차 마시기, 유기농 먹거리, 채식 위주 식단도 특징입니다.

사실 이런 프로그램들은 우리 조상들이 아주 오래전부터 가정이나 마을에서 실천해왔던 생활육아 지혜입니다. 요즘에는 가정에서 이런 생활교육이 사라졌기 때문에 유아교육기관의 프로그램으로 되살려놓았을 뿐이지요.

생태유아교육을 실천하는 어린이집에는 지나치게 뚱뚱한 아이가

없습니다. 생태유아교육을 하는 숲유치원과 일반 유치원 유아의 체격을 비교한 결과, 숲유치원 만 5세 유아가 일반 유치원 유아보다 키가 더 커지고, 체중과 배근육량이 더 늘어나고, 체지방량이 더 줄어들면서 비만도가 낮았습니다. 만 3세부터 2년 8개월 동안 꾸준하게 해온 숲활동과 텃밭활동이 만 5세 유아들에게 영향을 미쳤다고 분석해볼 수 있지요.

숲유치원 아이들은 체력도 월등했습니다. 만 3세 유아는 민첩성에서, 만 4세 유아는 평형성과 순발력에서 유의미한 차이가 발견됐습니다. 만 5세 유아는 평형성, 순발력, 지구력, 민첩성 등에서 숲유치원과 일반 유치원 간에 차이가 있었습니다.•

생태유아교육이 가져온 혁명

일반교육에서 생태유아교육으로 넘어오면 차이를 느끼는 정도가 아닙니다. 그야말로 혁명이지요. 영아를 돌보는 가정어린이집의 경우, 처음엔 일단 보육실 문을 다 열게 합니다. 열흘 동안 나이 상관없이 아이들을 마루에서 놀게 하면 서로 꼬집는 빈도가 반으로 줄어드는 걸 알 수 있지요.

그다음은 대문을 열고 나가게 합니다. 아파트 앞에만 나가도 영아들이 놀 만한 게 다 있습니다. 개미도 있고, 꽃도 있고요. 어떤 아

• 구혜현·이윤진·김인숙, 〈숲유치원과 일반유치원 만 3, 4, 5세 유아의 체격과 체력 비교 분석〉, 《생태유아교육연구》 15(1) : 71-86, 2016

이는 벌레 하나를 15분씩 보고 있어요. 뭔가를 가르치려고 하지 말고 애들을 따라다니기만 합니다. 그렇게 한 시간 동안 놀다 들어오면 꼬집고 싸우는 일이 또 반으로 줄어듭니다.

그다음엔 아파트 단지 안에서 한 시간 돌아다니고, 또 열흘 뒤에는 50미터 반경에서 오전 내내 놀게 합니다. 한번은 학부모에게 전화를 받았습니다. "전에는 애들이 밤에 잠도 잘 못 자고 자주 깼는데, 지금은 잠도 잘 자고 밥도 잘 먹고 어린이집 간다고 자기가 먼저 가방 메고 기다린다"고 했습니다.

이런 게 생태유아교육입니다. 그동안 정부에서 만 2세 이하 영아보육 전담 가정어린이집의 기존 표준보육과정에 따라 A반, B반, C반 간의 교류를 금지하고 있었다는 사실을 모르셨죠! 저도 그렇게까지 하는 줄 몰랐습니다. 생태유아교육은 다릅니다.

아이의 가능성을 열어주는 교육

생태유아교육을 해보니, 아이들이 저보다 더 많이 알고 있었습니다. 한 아이는 7세인데, 글자를 모릅니다. 그런데 도롱뇽 박사예요. 선생님보다 더 많이 알아요. 자기 집에 손님이 오면, 누구든 자기한테 도롱뇽 강의를 10분씩 들어야 통과시켜줍니다. 또 손님들이 도롱뇽 책을 사 오지 않으면 문을 안 열어준다고도 합니다.

그런 아이는 몸의 눈을 넘어서 마음의 눈과 영혼의 눈으로 도롱뇽을 연구하는 거예요. 육안肉眼으로 연구한 과학적 지식은 물론, 심안心眼을 통한 도롱뇽과의 진심 어린 대화와 공감으로 얻은 감성적 지식, 영안靈眼을 통한 도롱뇽 조상과의 영성적 소통으로 얻은 영적 지식을 모두 터득한 진짜 도롱뇽 박사입니다.

과학적 지식은 스마트폰에 다 들어 있지만, 이 아이가 연구한 정신적 지식은 스마트폰에 없습니다. 새로운 것을 창출할 지식은 스마트폰의 지식이 아니라 그걸 넘어서는 영적 지식입니다. 글자를 아는 것과는 상관이 없어요. 이런 몸, 마음, 영혼이 건강하고 행복하고 평화로운, 신명 나는 아이들이 미래 사회를 이끌어갈 겁니다.

놀이는 아이들이 더 잘 안다

놀이의 주도권은 아이에게 있습니다. 인공적인 놀잇감을 주고 상황을 만들기보다는, 자연 속에 아이들을 풀어놓는 것이 저의 '토종닭' 놀이 철학입니다.

이와 비슷한 이야기를 여러 매체에서도 하고 있습니다. 2012년 방송된 EBS 다큐프라임 〈놀이의 반란〉은 놀이가 아이에게 어떤 영향을 미치고, 발달에 어떤 효과가 있는지를 살펴 올바른 육아 방법을 고민하는 계기를 만든 프로그램입니다.

이 방송 내용을 엮은 책 《놀이의 반란》(지식너머, 2013)도 저와 마찬가지로 놀이에서 '아동의 주체성'을 강조했지요. 제작진은 놀이에도 진짜와 가짜가 있다고 설명하면서, 아이가 놀이를 주도적으로 하고 있는지를 그 기준으로 제시했습니다. 아이가 그 놀이를 원하고, 그 놀이에 즐거움을 느끼고, 그 놀이의 주인공이 되어 이끌어나가야 진정한 놀이가 된다는 거지요.

또 정부도 최근 놀이가 유아기 아이 성장에 미치는 중요성을 인지하고, 홍보자료나 다큐멘터리를 제작하는 등의 정책 지원에 나섰습니다. 2016년 경기도교육청과 교육부가 제작한 홍보자료 〈놀이, 아이 성장의 무한공간〉은 '유아기 놀이'를 "배움의 수단이고 통로이며, 배움의 즐거움을 알게 해줄 뿐 아니라, 자기 주도적이고 자발적인 학습을 경험하는 최적의 방법"이라고 정의했지요.

또한 "부모가 적절하지 못한 보살핌과 양육 태도로 유아의 놀이를 온전하게 제공하지 못하거나 방해했을 때 유아의 인지적 발달에 부정적 영향을 끼칠 수 있다"고 설명하고 있습니다.

놀이를 잃어버린 아이들

|

한국 아이들은 놀이를 잃어버렸습니다. OECD 회원국들과 비교했을 때 한국 아동의 행복 수준은 '꼴찌'입니다. 또 만 9~17세 아동의 70% 이상이 시간이 없다고 응답했는데, 이 중 학습 때문에 시간이 부족하다고 답한 비율은 70%가 넘었지요.

보건복지부의 '2018년 아동종합실태조사'에서 한국 아동의 행복 수준은 10점 만점에 6.57점으로 5년 전인 2013년 6.10점보다 약간 상승했지만 여전히 낮은 수치다.

만 9~17세 아동의 70% 이상은 "평소에 시간이 부족하다"고 응답했다. 아이들은 시간이 부족하다고 느끼는 이유로 "학교"(27.5%), "친구관계·학교 밖 활동"(27.0%), "학원 또는 과외 수업"(23.3%), "자기 학습"(19.6%) 등을 들었다. '학습' 때문에 시간이 부족하다는 응답이 70.4%를 차지한 것이다.

유엔아동권리위원회는 한국에 "아동에 휴식과 여가 시간을 확보해줄 것"을 여러 차례 권고했다. 2019년 9월 스위스 제네바에서 있었던 유엔아동권리협약 이행 제5·6차 국가보고서 심의 현장에서도 우리나라는 "과도한 교육시간 때문에 개선된 놀이정책에 실효성이 의심된다는 점"을 지적받았다.

최종견해에서도 유엔아동권리위원회는 "사교육 의존도를 줄일 것"과 "휴식, 여가 및 놀이에 대한 관점과 태도를 전환하기 위한 프로그램과 캠페인을 실시할 것"을 권고했다.

노는 법을 잃어버린 아이들은 '놀이'도 배워야 합니다. '공부처럼 배워야 하는 놀이', 또는 반대로 '놀이를 가장한 공부'가 흔해진 세상

이지요. 많은 양육자들은 "아이에게 놀이를 가르치기에 알맞은 곳" 을 애타게 찾고 있습니다.

인터넷 맘카페에서는 "놀이를 배우는 것이 얼마나 효과가 있는 지" 묻는 게시물을 쉽게 찾아볼 수 있습니다. 베이비뉴스 취재팀이 일주일간 한 포털사이트 카페 게시물에서 "놀이학교"를 검색했더니 211건의 게시물이 나왔습니다(2020년 2월 6~12일). "동네에 있는 괜찮은 놀이학교를 추천해달라"는 글도 여럿이었다고 합니다.

> ─어린이집과 놀이학교는 비용에서 많은 차이가 나네요. 놀이학교에 한 달에 100만 원씩 지불해도 안 아까울 정도로 커리큘럼이나 분위기가 괜찮은지 궁금합니다.(A 인터넷 맘카페 게시물)
>
> ─집 근처 유치원에서 자리가 하나 났다고 연락이 왔습니다. 원비는 월 40만 원 정도라 하고요. 아이는 지금 놀이학원 다니고 있어요. 방과 후 (과정)까지 하면 한 달에 70만 원 정도 내요. 매달 30만 원 정도 차이 나니까 고민됩니다.(B 인터넷 맘카페 게시물)

이들 '놀이학교'는 비용도 만만치 않습니다. 박경미 더불어민주 당 국회의원이 2017년 국정감사 당시 '서울시 관할 유아 대상 교습 학원 현황'을 공개했는데, 이 자료에서 놀이학원 1년 평균 학비가 1,000만 원에 달하며, 2,300만 원이 넘는 학원도 있다는 사실이 드러났습니다. "원어민·이중언어 교사의 놀이 언어프로그램, 놀이테

라피, 통합아트 등을 운영한다"고 홍보한 서울 서초구 한 학원의 한 달 교습비는 171만 원이었습니다. 급식비와 차량비 등까지 합하면 한 해 동안 무려 2,340만 원이 든 셈이지요.

진정한 놀이란 무엇인가

1년에 2,340만 원, 이렇게 비싼 돈을 내는데 당연히 학습 효과를 기대하지 않을까요? 게다가 놀이의 이름으로 행해지는 학습은 사교육 시장에만 있는 것이 아닙니다. 정부도 '놀이'를 면피용으로 사용하기도 합니다. 교육부는 2018년 10월 유치원과 초등 1·2학년 방과 후 영어 수업 허용 방침을 차례로 밝히면서, '놀이 중심'이라는 단서를 달았습니다. 물론 교육시민단체들은 즉각 반발했지요.

—— '놀이 중심' 방과 후 영어 수업에 대한 반발

사교육걱정없는세상, 공동육아와공동체교육, 정치하는엄마들, 참교육을위한전국학부모회 등 21개 단체들은 2018년 10월 16일 정부서울청사 앞에서 기자회견을 열었다.

이들은 기자회견에서 "진짜 '놀이 중심', '유아 중심' 유치원 교육과정 개정을 하는 와중에 놀이를 가장한 학습 프로그램에 불과한 '놀이 중심 영어 방과 후' 발표는 교육부의 정책 일관성에도 위배된다"고 비판했다.

또 "아이들의 놀 권리를 침해하고 놀이를 가장한 학습을 공식적으로 허용하는 것에 불과"하다며, "우리말로도 잘 놀지 못하는 유아들이 도대체 왜 영어로 놀이를 해야 하는지 이해가 가지 않는 처사"라고 지적한 바 있다.

놀이와 학습이 결합된 개념이 사교육 공교육 할 것 없이 퍼져 있습니다. **하지만 놀이는 누가 만들어줘서 하는 게 아닙니다. 아이가 직접 만들어야 하지요.** 교수가 "이게 놀이다" 한다고 해서 그게 놀이가 아닙니다. 아이가 놀이라고 해야 놀이입니다. 아이들은 진짜 놀이가 무엇인지 알고 있어요.

아이들이 놀이를 어떻게 만들어오는지 한번 보세요. 아이들은 지금 여기서 자신의 놀이를 만듭니다. 아이들은 모두 놀이 천재입니다. 제주도 아이들은 제주도 아이답게 놀고, 부산 아이들은 부산 아이답게 놉니다. 겨우내 눈이 오는 곳과 눈이 안 오는 곳 아이들은 놀이도 당연히 다르지요.

문제 많은 대한민국의 유아교육 현장

제 일 중의 하나는 유아교육 기관 컨설팅입니다. 여러 곳의 어린이집과 유치원을 가보았는데, 현장을 직접 다니면서 느낀 점은 이게 문제가 생길 수밖에 없는 구조라는 겁니다.

아동학대를 예방한다고 보육실에 CCTV를 달자고 하는데, 이런 처방은 문제를 모르고 하는 겁니다. 아이 처지에서 생각해보세요. 보육실에만 12시간씩 갇혀 있죠, 문도 안 열어줍니다. 어른도 좁은 방에서 종일 있으라 하면 스트레스를 받지 않겠어요? 그래서 오후쯤 되면 애들끼리 깨물고 싸우는 일들이 많아집니다.

교사도 화장실 갈 시간도 없이 일합니다. 방광염을 달고 살고, 밥 한 끼 제대로 먹을 시간도 없이 바쁘게 일하지요. 또 대한민국 교육은 과정 자체가 잘못돼 있습니다. **아이들이 머리가 좋아지려면, 초등학교 입학 전에는 글자와 숫자에 접근할 수 없게 해야 합니다.** 취학 전에 학습을 시키는 건 아이를 죽이려는 작정입니다.

아이가 중심이 되는 현장을 만들라

몇 년 전에 《대한민국 유아들의 서로 다른 두 모습》(공동체, 2018)이라는 책을 공동 집필한 적이 있습니다. 여기서도 기관 내 유아교육을 관찰하고 '교실·수업·교사 중심의 유아교육 현장'을 강하게 비판했지요. 유아교육과 보육 현장 속에서 '아이'가 사라진 겁니다.

아이를 고려하지 않는 누리과정과 표준보육과정이 유치원 평가와 어린이집 평가인증 지표가 되면서 유치원과 어린이집의 교육·

보육에 막대한 영향력을 행사하고 있습니다. 그러면서 현장을 더욱 옥죄지요.

누구를 위한 교육·보육 과정일까요? 아이를 우선해야 할 과정이 국가의 지도, 관리, 감독을 효과적으로 수행하기 위한 수단이 되어 버렸습니다. 유아교육 관계자들의 위상을 높이기 위함은 아닌지 의문도 듭니다. 어른들의 욕심이 아이들의 삶을 볼모로 잡아버린 것은 아닐까요?

대한민국 유아교육 혁신의 마지막 기회

헌법 제1조 1항은 "대한민국은 민주공화국이다"입니다. 대한민국 유아교육도 민주공화국의 유아교육입니다. **대한민국 유아교육의 주권은 아이에게 있고, 유아교육의 모든 이론과 실제는 아이로부터 나와야 합니다. 아이들의 몸과 마음, 그리고 영혼을 건강하고 행복하게 하지 않거나 하지 못하는 유아교육은 이제 물러나야 합니다.**

2020년 3월부터 적용하는 2019 개정 누리과정은 기존의 '수업 중심·교사 중심 교육과정'을 실질적인 '놀이 중심·유아 중심 교육과정'으로 개편, 실현하고자 합니다. 서울시의 생태친화보육 사업과, 지난 30년간 추진해온 생태유아교육은 한걸음 더 나아가 기존의 '교실·수업·교사 중심 교육과정'을 '자연·놀이·아이 중심 교육과정'으로 전환하는 것을 지향하고 있습니다.

이번 개정 누리과정에서는 기존의 3, 4, 5세 연령별 교사용 지도

자료집을 폐기하고, 놀이이해자료와 놀이실행자료 및 놀이운영사례집 5종을 정부에서 발간, 제공하고 있습니다. 그 5종 중 하나인 〈자연과 아이다움을 살리는 생태놀이〉는 저와 동료 연구진이 전국의 생태유아교육 실천 놀이 사례들을 종합 정리해 개발한 것이지요.

이번 누리과정이 유아교육 현장에 잘 정착해야 합니다. 그렇게 해서 우선 아이가 행복한 교육과정을 정착시키고, 유보(유아교육·보육) 통합 일원화를 해서 유아교육 인프라를 갖춰야 합니다. 가정어린이집은 영아학교, 유치원은 유아학교, 영유아가 같이 있는 어린이집은 영유아학교로 바꿔야 합니다. 관리는 교육부가 해야겠지요.

이 기회를 놓치면 앞으로 대한민국 유아교육에는 희망이 없을 수 있습니다. 각 정당들이 공약으로 생태유아교육, 유보통합, 보육료 문제 해결을 넣어야 합니다. 이렇게 되면 선진국으로 가는 유아교육 인프라를 구축하는 셈이 되지요. 도로, 철도, 항만 놓는 것보다 이게 훨씬 더 중요한 가치산업입니다.

—— 생태친화보육 사례: 서울시 생태친화 어린이집

민선 7기 서울시장 공약으로 2019년부터 서울시는 생태친화 보육 사업을 통해 보육의 질적 혁신을 추진하고 있다. 거점형 '생태친화 어린이집'을 2022년까지 자치구별로 5개씩 모두 125개 조성한다고 밝히고, 그 일환으로 2019년 4개 자치구에서 생태친화 어린이집 20곳을 선정했다.

선정된 어린이집은 놀이공간 등 생태 관련 시설을 조성하고, 생태친화 보육 프로그램 개발과 컨설팅을 지원하고, 교사와 부모의 다양한 연구모임과 공유활동을 돕는다. 임재택 교수는 생태친화 어린이집 전환 컨설팅 사업 전반에 직접 참여했다.

서울시는 생태친화 보육을 "유아숲 체험 등 자연친화적인 보육 활동을 넘어 아이의 욕구를 중시하고 아이다움의 구현을 도와주는 보육"으로 정의했다. 〈서울시 생태친화 어린이집 안내서〉는 수업시간에 흥미를 잃는 아이, 아이들이 관심 없어 하는 활동이나 교구, 수업에 참여하지 않으려고 하는 아이들과의 실랑이 등이 없어질 것으로 전망했다.

서울시의 생태보육 도입은 누리과정의 변화와도 맞물려 있다. 누리과정은 만 3~5세 유아를 대상으로 하는 공통의 유아교육·보육 과정이다. 2020년 3월부터 시행하는 2019 개정 누리과정은 '놀이 중심·아이 중심'으로 개정된다. 자유놀이를 중심으로 유아교육·보육 현장이 꾸려질 수 있도록 종전의 누리과정을 간략화한 형태다.

누리과정 개정과 함께 어린이집 평가제도도 새 누리과정에 맞게 개편된다. 각 어린이집과 유치원은 운영철학과 상황에 맞춰 교육계획을 세울 수 있게 됐다.

교육현장 개선에서 가장 시급한 점

그동안 우리나라 유아교육은 '어른 편익' 중심이었습니다. 그걸 '아이 행복' 중심으로 바꿔야 합니다. 엄마 보고 하는 보육이 아니라, 아이 보고 하는 보육이어야 하지요. 지금 현장에서는 교사들이 아이들 사진 찍어 올리느라 정작 아이들을 못 보는 일까지 생깁니다. 부모들에게 검사를 받아야 하니까요. '재롱잔치'를 하는 기관도 있지요. 그런 곳은 오래가면 안 된다고 생각합니다. 또, 아이가 행복한 교육과정을 위해서는 교사 대 아동 비율도 개선돼야 합니다.

보육료 예산도 올려야 합니다. 보육료를 동결해서 경영이 어려워진 어린이집이 특별활동을 하고 학습지를 돌리는 일이 생겼기 때문입니다. 어린이집 입장에서는 돈도 되고, 교사도 쉬고, 장시간 아이들을 돌리고, 일거삼득이지요. 여기서 악순환이 발생합니다. 아이들에겐 치명적이지요. 그래서 보육료를 물가와 임금 상승률에 연동하여 자동으로 인상해주는 보육의 질 향상 법안을 제정해야 합니다.

CCTV 없는 보육실을 꿈꾸며

지난 50년 동안 유아교육은 망가졌습니다. CCTV로 감시하는 유아교육 현장을 만들어놨지요. 저는 이 모습이 닭장처럼 느껴집니다. 양계장, 양어장처럼 양아場을 만든 거예요. 아이들을 유치원과 어린이집에 가둬서 키우고 있지요. 아이들을 가둬 키우는 방법만 발전시킨 게 우리나라 유아교육의 역사입니다.

전체 유치원과 어린이집 중 70~80%가 생태유아교육을 할 때 우리나라가 선진국이 될 수 있습니다. 감시와 의심으로 아이를 키우는 나라가 어떻게 선진국이 될까요?

아이는 유아교육 학문과 이론, 법령과 규칙, 지침과 약속으로 키우는 것이 아닙니다. 아이는 자연의 순리와 사람의 도리와 조상의 생활 지혜로 키우는 것입니다. 또한 아이는 하늘의 햇볕과 공기, 땅의 물과 곡식, 사람의 사랑과 정성과 믿음이 어우러진 천지인 생명의 기운으로 키우는 것입니다.

아이는 억지로, 욕심으로 키우는 것이 아니라 난대로 결대로, 양심으로 키워야 합니다. 아이들에게 잃어버린 자연과 놀이와 아이다움을 되찾아주어야 합니다. 가정이나 기관에서 항상 머리(영혼)가 시원하고 가슴(마음)이 편안하고 배(몸)가 따뜻해서 혈기가 왕성한, 신명 나는 아이로 키워야 합니다. 그리하여 교사, 학부모를 비롯한 우리 모두가 기관의 교실과 보육실에 CCTV가 더는 필요 없다고 말하는 게 저의 목표입니다.

포스트코로나 시대 세계 유아교육의 방향은 'K-생태유아교육'입니다. 산업문명을 넘어 생태문명을 지향하는, 지속가능한 오래된 미래의 유아교육이지요. 우리가 함께 조금만 노력하면 아이살림·생명살림 생태유아교육의 실체를 세계에 보여줄 수 있을 것입니다.

_취재: 김재희·최규화 기자

초등학교 입학 전에 한글은 떼고
산수도 끝내야 한다던데요

유아교육의 변화는 초등교육에서 시작된다

#초등교육 #연계
#대학서열화 #참여교육

박창현
육아정책연구소 부연구위원

부천대학교 유아교육과 조교수, 위스콘신매디
슨대학교 연구교수를 지내고 현재는 국책연구
기관인 육아정책연구소에서 유아교육과 보육
정책을 연구한다. 획일화된 누리과정을 다양화
하는 정책, 유치원의 공공성 강화 정책에 관심
이 크다. 최근에는 장애 영유아 정책과 민주시
민 교육, 정치교육, 평화통일 연구에 천착하고
있다.

-아이들 숨 좀 돌리게 해주세요. 교육 시스템이 선행 안 하면 잘할 수가 없는데 어떡해요. 초등 교과서 난도도 높고, 시험도 안 배운 부분 나오고, 그러면서 학교는 진도만 나갈 뿐이고. 학부모만 힘들어요.

-교과서는 왜 이렇게 어렵게 만든 건지. 울 집 초딩 한 명, 사교육비 80만 원입니다. 부모 욕심 때문에 생긴 문제가 아닙니다. 어려운 교과 따라가려니 학교에서 배운 것으로는 충분치 않아서 학원 가는 거죠.

사교육, 정말로 학부모들의 막연한 욕심이나 불만 때문일까요? 위 글은 영유아 사교육의 심각성을 지적하는 기사에 달린 댓글들이라고 합니다. "초등학교 교과과정이 너무 어려워서 뒤처지지 않기 위해 영유아기 사교육으로 미리 학습한다"는 이야기지요. 구조적인 문제 때문에 어쩔 수 없이 사교육을 선택할 수밖에 없다는 '이유 있는' 항변입니다.

저 또한 이런 입장에 동의합니다. 좋은 대학교를 가기 위해 좋은 고등학교, 좋은 중학교, 더 아래로 끝없이 이어지는 '무한경쟁의 구조'가 영유아 사교육 시장을 팽창시켰지요.

영유아 사교육 문제를 '영유아'라는 시기, '사교육'이라는 형태에만 주목해서는 해결할 수 없습니다. 교육이라는 큰 줄기를 들여다본다면 대학입시제도부터 차례로 개혁이 필요합니다. 특히 **초등교육과 유아교육의 '연계'를 생각하지 않고서는 영유아 사교육 문제의 해법을 찾을 수 없습니다.**

'선행학습'이란 광기의 단어

우리나라의 영유아 사교육은 정말 심각합니다. 선행학습은 한마디로 '광기가 어린' 단어지요. '선행학습'이란 말이 세계 어느 나라에 또 있겠어요? 이런 말이 있다는 게 비정상입니다.

영유아기 선행학습은 대부분 사교육을 통해 이뤄집니다. 한국의 영유아 사교육 열풍은 국제적으로도 잘 알려져 있지요. 유엔아동권리위원회는 지난해 9월 27일 대한민국 국가보고서 심의에 따른 '최종견해'를 통해 "유치원에서 시작되는 사교육 의존의 지속적인 증가"를 "심각하게 우려한다"고 밝힌 바 있습니다.

2017년 육아정책연구소는 연구보고서 〈영유아 사교육 실태와 개선 방안 Ⅲ: 국제비교를 중심으로〉를 발표했다. 한국,일본, 대만, 미국, 핀란드 다섯 나라를 조사한 결과, 가구소득 대비 영유아 사교육비 비중은 한국이 가장 높았고, 다음은 대만, 미국, 일본, 핀란드 순이었다.

주당 이용하는 사교육 프로그램의 수도 한국이 2.2개로 가장 많았고, 프로그램 이용 횟수도 한국이 1.7회로 가장 많았다. 사교육 프로그램 유형에서도 한국은 "모국어"(27.2%)와 "외국어"(22.5%), "수학"(17.8%) 비율이 다섯 나라 중 가장 높았다.

가구소득 대비 영유아 사교육비 비중(단위: %)

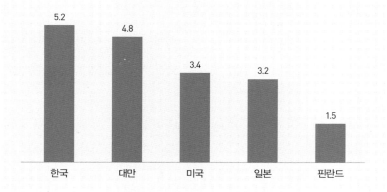

결국 영유아 사교육은 우리 아이가 뒤처지지 않게 초등학교 국어, 영어, 수학을 먼저 준비해서 입학하겠다는 것입니다. 대학부터 시작해서 고등학교, 중학교, 초등학교로 내려오는 교육 서열화 때문에 부모는 먼저 우위를 점하기 위해 경쟁할 수밖에 없지요.

사교육은 창의성을 저해한다

하지만 그런 경쟁이 반드시 아이의 능력을 키워주는 것은 아닙니다. 오히려 영유아기 사교육 경험이 아동의 창의력 발달을 해친다는 연구결과도 있지요. 육아정책연구소의 〈아동의 창의성 증진을 위한 양육환경과 뇌발달 연구〉(2016)에 참여한 적이 있는데, 아주 인상적인 결과가 나왔습니다.

창의성과 양육환경의 관계를 분석한 결과, **사교육 횟수가 많을수록 아이의 창의성 수준이 낮게 나타난 것입니다.** 이는 이제 우리가 교육과 양육의 방향을 새롭게 설정해야 한다는 의미입니다. 물론 사교육을 통한 학교 준비가 학교 적응을 일부 돕고 일시적인 도움을 줄 수도 있겠지요.

그러나 연구결과에 따른다면, 사교육을 통한 학교 준비가 문제해결을 창의적으로 해내는 데 도움이 될지는 미지수입니다. 입시와 시험 위주의, 학업성취를 강조하는 '결과 중심' 교육의 단점이지요.

아이의 속도에 맞춘 교육이 필요하다

앞서 보여드린 연구에서는 가족 간의 상호작용과 풍부한 경험, 아동의 선택권 존중 같은 것들이 창의성을 높인다는 결과가 나왔습니다. 스스로 놀이하고 생각할 수 있는 환경에서 가족과 함께 다양한 경험을 한 아이들이 창의적이라는 말입니다. 사실 부모들도 그걸 다 알고 있지만 불안해서 그렇게 하지 않는 경우가 많습니다.

이런 연구결과는 영유아기 조기교육 효과를 맹신하는 사람들에게 하나의 '반론'이 될 수 있습니다. 교육이라는 건 미리 시킨다 해서 그만큼 일찍 성과가 나지 않습니다. 아이가 발달적으로 준비됐을 때 아이의 손을 잡아주면 자연스럽게 할 수 있습니다. 제가 유아교육을 연구하는 사람이지만, 저희 아이도 초등학교 1학년 때 한글을 뗐습니다. 아이가 준비됐을 때 적절한 자극이 있으면 되지요.

부모가 먼저 시작한다고 아이가 먼저 받아들이지 않습니다. 아이가 의미 있게 받아들일 때 교육이 일어납니다. 아이마다 발달의 시기가 다릅니다. 그렇게 각기 다른 아이들의 속도에 맞춰주는 게 진짜 교육입니다.

초등학교를 들어가기도 전에 한글을 떼는 아이들

우리나라는 모국어(한글) 교육을 많이 시키는 나라입니다. 왜 그럴까요? 누리과정에서 목표로 하는 국어교육은 일상생활에서 의사소통하는 것뿐인데 말이지요. 특히 읽기와 쓰기 영역의 목표는 "말과 글의 관계에 관심을 가지는 단계"일 뿐입니다. 그리고 자신의 생각을 "글자와 비슷한 형태"로 표현하는 것 정도지요. 그 정도면 충분하다는 거예요. 한글을 마스터하는 게 목표가 아닙니다.

그런데 초등학교에 들어가면, 아직도 많은 교사가 아이들이 이미 한글을 배우고 왔다고 가정합니다. 때문에 부모는 입학 전에 수업을 미리 준비해야 한다고 생각하지요. 그러나 모국어 교육은 당연히 공교육에서 해줘야 하는 겁니다. 초등학교에서 한글교육을 확실히 해줘야 하는데, 공교육이 제대로 잡혀 있지 않기 때문에 부모들이 불안할 수밖에 없습니다.

유아교육의 열쇠는 초등교육에 있다

교육과정의 문제를 빼놓고서는 영유아 사교육 문제의 해법을 논할 수가 없습니다. 누리과정의 '유아 중심·놀이 중심'이란 목표를 정말 잘 실천해서 선행학습이 없게 하고 아이에게 자유 놀이를 충분히 보장한다 해도, 초등학교에서는 그렇게 하지 않기 때문입니다.

유아교육은 초등교육과 연계가 되지 않으면 절대 성공할 수 없습니다. **누리과정에서 진정한 놀이 중심으로 가려면 초등교육이 먼저 변해야 합니다.**

초등교육과 연계는 유아교육만의 짝사랑입니다. 유아교육에서 아무리 연계를 외쳐도 초등교육이 변화하지 않으면 안 됩니다. 초등학교에서 한글과 수학을 제대로 가르치지 않으면 부모들은 또 사교육 시장을 찾아갈 수밖에 없어요. 초등학교 교과서도 너무 어려우니까요. 교과서를 따라가려면 학원을 안 보낼 수가 없는 거지요.

유치원·초등학교 교육과정을 한 줄에 놓고, 이쪽이 너무 높은 것 아닌지, 반대로 저쪽이 너무 낮은 것은 아닌지 이음새를 봐야 합니다. 그 과정을 총체적인 틀에서 보는 게 교육인데, 그런 게 하나도 되어 있지 않습니다.

개선되지 않는 교육 현장

물론 정부에서도 한글을 떼고 초등학교에 들어가야 한다는 불안을 없애기 위해 여러 시도를 하고 있습니다. 교육부는 2017년 3월부터 초등학교 한글교육 시간을 대대적으로 늘렸습니다. 2000년만 해도 단 6시간만 배정됐던 한글교육 시간이 2009년 14시간, 2013년 27시간, 2017년 68시간, 이렇게 늘어났지요. 하지만 실질적으로 현장에서 체감하는 효과는 다릅니다. 부모들의 불안은 크게 개선되지 않았습니다.

—— 불완전한 한글 책임교육

2017년 9월 사교육걱정없는세상의 초등학교 1학년 학부모 대상 설문조사 결과, "한글 책임교육 정책에 만족한다"는 응답이

56.7%였지만, "불만족"도 43.3%로 여전히 높았다. "교사가 한글을 기초부터 차근차근 가르쳐준다"고 응답한 비율은 61.5%였지만, "그렇지 않다" 역시 38.5%로 높게 조사됐다.

특히 응답자의 81.8%는 "수학 등 다른 과목의 교과서 및 학습 보충자료에서 글을 읽고 이해하는 과정이 포함되어 한글 선행학습이 필요하다"고 응답했다. 초등 한글 책임교육 성공을 위해서는 한글 교육 시간을 늘리는 것뿐만 아니라, 수학 등 다른 교과 교육과정과의 연계 개선이 필요하다는 뜻이다.

놀이 중심·유아 중심 교육으로의 변화

2019년 7월 19일 교육부는 2020년 3월부터 적용되는 '2019 개정 누리과정'을 발표했습니다. 교육부는 '유아 중심·놀이 중심'으로 개정했다는 점을 강조했지요. "교사 주도 활동을 지양하고, 유아가 충분한 놀이 경험을 통해 몰입과 즐거움 속에서 자율·창의성을 신장하고, 전인적인 발달과 행복을 추구할 수 있도록 했다"는 것입니다.

개정 누리과정을 놀이 중심·유아 중심으로 설정한 것은 바람직한 방향입니다. 자유로운 시간을 주는 것이 정말 중요하지요.

OECD가 선정한 5가지 유아에게 좋은 교육과정으로 벨기에의 경험교육 모델, 미국의 하이/스코프 교육과정, 이탈리아의 레지오 에밀리아 접근법, 뉴질랜드의 테 파리키 교육과정, 스웨덴의 유아학교 교육과정이 있습니다. 우리가 중요하게 받아들여야 할 이들의 공통점으로 **공동의 교육목표 안에서 할 수 있는 한 가장 큰 자유를 유아에게 제공해야 한다**는 원칙이 있습니다.

우리는 그동안 누리과정에서 유아에게 최대의 자유를 제공했을까요? 교사 중심으로 주입하고 성과를 보려 했을 뿐이지요. 아이들이 교사에게 "우리 언제 놀아요?"라고 묻는 게 우리의 현실이에요. 아이들에게 관찰하고 생각할 기회를 줘야 합니다.

다음으로 유아교육·보육 과정과 상급학교 교육과정이 공통의 학습목표 및 접근법으로 연계되어야 한다는 방침도 참고할 만합니다. 평생학습의 맥락이에요. 우리가 하나도 실천에 옮기지 못한 지점이기도 합니다. 누리과정의 유아교육이 초중등 교육으로 다 연결돼야 합니다. 연계가 핵심이에요.

부모와 아이가 함께 참여하는 교육

누리과정은 국가가 정한 유아 발달과 학습의 표준이니만큼 사교육을 포함한 유아교육 전반에 큰 영향을 줄 수밖에 없습니다. 선생님들이 만들어주는 놀이가 아니라 '진짜 놀이'와 '놀 권리'를 아이한테 주겠다는 게 이번 새 누리과정의 핵심입니다. 유아교육의 본질을 찾아가겠다는 뜻이지요.

최근 '협동조합형 유치원'이 새로운 유아교육 모델로 떠오르고 있습니다. 부모가 교육과정에 참여할 수 있다는 점이 주목할 만하지요. 공동체가 같이 교육과정을 만들어야 부모가 불안하지 않습니다. 학부모와 교직원 등 교육주체들이 교육과정을 만드는 데 함께 참여해야 하지요.

아직도 공교육에서는 "부모가 문제야, 부모 생각을 바꿔야지"라고 부모를 가르치려 합니다. 하지만 **이제 부모를 교육하는 게 아니라 부모가 참여하게 만들어야 하는 시대입니다.** 평등한 공동체의 일원으로 부모를 바라봐야 합니다.

'교육의 다양성'이라는 키워드도 빼놓을 수 없습니다. 교육에 대한 부모들의 다양한 요구를 공교육이 충족시키지 못하면 '다른 데', 즉 사교육에서 해결할 수밖에 없지요. 획일화된 교과서에 맞추는 교육이 아니라 아이 한 명 한 명이 뭘 배우는지를 보는 교육을 통해 '교육자치'로 가야 합니다.

영유아 사교육과 정부 규제

영유아 사교육 시장이 점점 더 커지다 보니 정부가 규제를 강화해야 한다는 목소리도 나옵니다. 2014년 선행학습 금지법이 국회를 통과했습니다. 긍정적인 영향이 분명히 있습니다. 그런데 선행학습 금지법이 통과됐다고 현실에서 선행학습이 사라졌나요? 구조적인 문제를 해결하지 않고 일부만 금지하면, 결국 풍선효과처럼 다른 쪽으로 빠져나가게 돼 있습니다. <u>무언가 금지하는 정책은 완전한 대책이 될 수 없어요.</u>

"사교육은 나쁜 것, 공교육은 좋은 것"이라는 이분법으로 규제해서는 문제가 해결되지 않습니다. 그리고 아이에게 사교육을 시키는 게 오직 부모의 불안이나 욕망 때문인가요? 부모 개인의 문제라고 여겨서는 하나도 해결할 수 없습니다. "유아기에 영어 사교육 하면 안 되는 이유는 뭐죠?" "그럼 영어는 언제 어떻게 배워야 해요?" 이런 질문에 답을 할 수 있어야 합니다.

지금은 대다수 유치원에서 특별활동으로 영어를 가르칩니다. 그게 현실이에요. 폐해만 말하면서 규제하지 말고 방법을 알려줘야 합니다. 정부에서 연구해서 결과를 보여주고 부모들을 자연스럽게 이끌어가야 하지요. 그러지 않고 무조건 금지한다면 누가 정부를 믿을까요? 오히려 사교육으로 향하는 마음이 더 커지겠지요.

—— 선행교육 규제법이란?

2012년 9월 사교육걱정없는세상의 보도자료에 따르면 2012학년도 서울 주요 10개 대학의 수리논술 문제를 확인한 결과, 약

54% 대학에서 선행문제를 출제했고 서울대, 연세대, 한양대에서는 100% 선행 문제를 출제한 것으로 분석되었다. 2012년 8월 선행교육 규제법에 대한 국민 여론조사에서는 선행교육에 문제가 있다는 응답이 67.6%, 선행교육 금지 제도를 찬성한다는 응답이 59.5%였다.

사교육걱정없는세상은 대학 시험(논술, 구술, 수능)에서의 선행교육 출제로 인해 공교육과 사교육 모두 선행교육 경쟁이 치열하며, 이로 인해 유아동부터 고등학생까지 입시 고통을 받고 있다는 것을 발견하고 선행교육 금지법 제정을 위한 운동을 시작했다. 그 결과 약 16,000여 명의 국민 서명을 이끌어냈고, 2014년 '공교육 정상화 촉진 및 선행교육 규제에 관한 특별법'이라는 이름으로 법이 제정되었다.

여야당의 법안이 병합하는 과정에서 학원 선행 상품 규제는 빠지게 되었으나, 선행교육이 불법이라는 인식을 확산시키고 학교 시험과 대학 논술고사가 지나치게 어렵게 출제되거나 교육과정 바깥에서 출제하는 것을 막을 수 있는 근거를 마련했다.

부모들의 불안은 공교육에 대한 구조적 불신에서 나온다

유아 대상 영어학원이 '유치원' 명칭을 사용하면 불법입니다. 그런데 현실에서 실제로 '영어유치원'이라는 말이 사라졌나요? 그렇지 않습니다. '유치원' 명칭 쓰지 말라는 것조차 제대로 규제하지 못하고 있는데 규제를 더 만든다는 건 잘못됐다고 봅니다. 사교육은 공교육이 어떻게 하는지에 따라 바뀔 수밖에 없기 때문이지요.

예를 들면 누리과정 시작과 동시에 사교육 업체들은 누리과정 교재교구를 만들어서 유치원과 어린이집으로 들어갔습니다. 사교육은 공교육의 빈틈에 예리하고 재빠르게 침투합니다. 한 발씩 늦을 수밖에 없는 규제로는 이런 사교육을 막을 수 없어요. 새로운 규제를 만들기보다 공교육에서 유아교육의 본질을 잘 살려야 합니다.

저희 아이가 초등학교 5학년인데, 아이 이야기를 들어보면 친구들이 밤 9시까지 학원에서 국어부터 사회까지 진도를 다 끝내고 온다고 합니다. 그렇게 해야 따라잡을 수 있다는 생각, 그렇게 공부시키지 않으면 더 높은 수준으로 못 올라간다는 생각이 부모들한테 있는 거예요. 그렇게 '스카이캐슬'로 가겠다는 거지요.

그런 부모들한테 놀이 중심 유아교육을 이야기한다? 믿지 않습니다. "놀이만 하다가 초등학교 가서 뒤처지면 책임질 거야?" 하는 마음일 거예요. 학교에서는 아이 하나하나에 맞춰서 이끌어주지 않지요. 사교육이 어쩔 수 없이 일어나는 원인을 이해해야 해요. 그런 점을 놓치면 어떤 혁신이든 실패할 수밖에 없습니다.

보육과 유아교육이 무상화됐지만 영유아 키우는 가정의 교육비는 줄어들지 않았습니다. 어린이집·유치원에 안 내는 만큼 그대로 다른 사교육에 돈을 쓴다는 뜻이지요. 그런 불안감이 깊이 내재해

있는데 단지 사교육은 나쁘다, 규제해야 한다는 이야기로 부모들을
설득할 수 있을까요? 근본적인 대책이 필요합니다.

'땜질식' 제도 개선은 이제 그만

20년 뒤 입시경쟁에서 뒤처질까 봐 태교로 경쟁을 하는 사회에서는
사교육을 할 수밖에 없습니다. 이건 위에서부터 내려오는 것이기
때문에 위에서부터 바로잡아야 해요. 교육의 본질은 자기가 태어난
개성대로 성장·발달하고, 인간답게 살기 위해 필요한 것들을 배워
나가는 것입니다. 그런데 교육이 더 높은 계층이나 계급을 얻기 위
한 도구로 사용된다면 아이들은 불쌍해질 수밖에 없습니다.

대학 서열화가 전혀 해결이 안 된 상태로 정시냐 수시냐 학종(학
생부 종합 전형)이냐, 입시제도만 이랬다저랬다 하고 있지 않습니까?
결국 핵심은 대학 서열화입니다. 그것 때문에 대학부터 유치원까지
서열화된 구조 속에서 우위를 점하기 위해 유아기부터 경쟁할 수밖
에 없는 거지요. 이걸 공교육에서 바로잡지 못하면 대학교부터 유
치원까지 도미노처럼 다 무너지게 됩니다.

유아교육부터 평생교육까지 일관된 교육개혁의 방향이 있어야
합니다. 사교육은 어떻게 막고, 대학 입시는 어떻게 하고, 특권의 대
물림은 어떻게 끊을 건지 쭉 이어지는 장기적인 그림을 그려줘야
교육현장이나 부모들이 희망이라도 가지니까요. 그런데 지금은 그
런 그림도 그려주지 못하고 있습니다.

사회적으로 이슈가 되는 사건이 터지면 땜질하는 식으로 입시제도만 바꾸는 것은 한계에 이르렀습니다. 오랫동안 공교육에 대한 불신이 쌓인 부모 입장에서는 '입시제도? 어떻게든 바꿔봐. 난 우리 애 사교육 시켜서 어떤 상황에든 적응할 수 있게 만들 거야'라고 생각하게 되지요. 결국 또 사교육 시장만 늘어나는 악순환입니다.

영유아 교육에서의 정부의 역할

제대로 된 실태조사부터 시작하라

초등학교 교육과정부터 대학 서열화까지 공교육의 영역에서 개혁해야 할 근본적인 과제들이 많습니다. 그밖에도 정부가 해야 할 것들은 또 있지요.

가장 먼저 필요한 것이 '제대로 된' 영유아 사교육에 대한 실태조사입니다. **교육부나 보건복지부 차원에서 조사된 공식 통계가 아직 없기 때문입니다.**

육아정책연구소가 2013년부터 2017년까지 매년 발표한 〈영유아 교육·보육 비용 추정 연구〉가 영유아 사교육 실태를 보여주는 '유일한' 자료였습니다. 하지만 이 연구마저도 신뢰성이 떨어졌지요.

지난 2017년 3월 사교육걱정없는세상은 육아정책연구소가 발표한 '2016년 영유아 사교육비 통계'를 비판했다. 2015년 연구는 사교육비 항목에서 유치원·어린이집 특별활동비, 교구 활동, 통신교육 등을 갑자기 제외했고, 2016년 연구도 유치원·어린이집 특별활동비를 제외했다. 사교육걱정없는세상은 "연구의 일관성이 없어 비교가 힘들다"고 지적했다.

또 "2016년 연구에서는 매년 해오던 '사교육 참여 영유아 1인당 월평균 사교육비'를 삭제하고, '전체 영유아 1인당 월평균 사교육비'만 발표하여 마치 비용이 축소된 듯한 착시현상을 일으켰다"고 문제를 제기했다.

엎친 데 덮친 격으로 이 연구마저 2017년을 마지막으로 종료됐습니다. 교육부는 2017년 국가 차원의 영유아 사교육비 시험조사에 이어 2018년 본조사를 실시하겠다고 밝혔지만, 시험조사 결과 발표도 하지 않았고 본조사 실시에 대한 발표도 아직인 상황입니다.

'비리유치원'이 드러낸 공공성 문제

그다음으로는 유아교육의 공공성을 강화해야 합니다. 2018년 10월 '비리유치원 명단 공개' 사태를 통해 떠오른 과제지요. 그해 정부와 여당은 회계 투명성 강화와 국공립유치원 확대 등을 골자로 하는 유치원 비리 근절 대책을 발표했습니다. 또한 패스트트랙(신속처리 안건)으로 지정된 '유치원 3법'은 '패스트'라는 이름이 무색하게 제대로 논의되지 못하다가 결국 극적으로 국회를 통과했습니다. '유치원 3법' 이후, 유아교육 현장은 서서히 변해가고 있습니다.

비리유치원이 운영비를 다른 곳에 쓰고 부모들한테 걷는 돈이 많아지면 부모들은 사교육에 의존하는 마음이 더 커질 수밖에 없습니다. 공공성 문제는 유치원 특별활동과 사교육까지 다 연결되기 때문에, 공공성을 강화하자는 말은 회계비리를 해결할 뿐 아니라 학교가 학교로서 교육의 본질을 되찾자는 의미지요.

'용두사미'가 되어가는 공공성 강화 정책

지금 유아교육에 공공성이 담보되지 않으면 그다음 단계로 발전할 수 없습니다. 할 것처럼 하다가 안 하는 것이야말로 최악입니다. '유치원 3법'은 유아교육의 공공성을 확보하기 위한 최소한의 법령이지요. 법 개정만으로는 부족합니다. 유아교육 공공성 정책들의 지속가능성을 높일 수 있도록 끊임없이 모니터링해야 합니다.

이때 어떤 관점으로 볼 것이냐가 중요해져요. **유치원만 보고 있으면 유치원 문제를 해결할 수 없습니다.** 사회, 문화, 언론, 자본 등이 다 서로 엮이면서 아이의 삶을 잠식하고 있기 때문입니다. 그런 구조를 못 보고 유치원만 보고 있으면 아무것도 해결되지 않지요.

당사자들의 참여를 통한 해결도 중요합니다. 위에서 밑으로 내려오는 것만으로는 절대 안 바뀌니까요. 아이와 부모들이 참여해서 바뀌는 것이 진짜 개혁입니다.

아이를 끌고 가지 말고 아이를 따라가라

유아교육에서 말하는 건 결국 하나예요. **아이를 따라가라는 것.** 아이의 흥미와 관심이 뭔지, 아이가 좋아하는 것과 싫어하는 것은 뭔지, 그렇다면 지금 아이한테 필요한 것은 뭔지 아이의 뒤를 따라가며 지켜보는 겁니다. 그렇게만 해줘도 아이는 잘 성장할 수 있어요. 가르치는 사람이 아이를 앞서가면 늘 문제가 되죠.

사교육 담론도 아이를 앞서가는 거예요. 아이를 따라가는 것이 아니라 앞에서 아이를 끌어가는 거지요. '줄탁동시啐啄同時'라는 말이 있습니다. 어미 닭이 밖에서 알을 먼저 깨버리면 안 되고, 병아리가 안에서 자신의 부리로 깨고 나올 때 밖에서 같이 쪼아줘야 세상으로 나올 수 있다는 말이지요. 그게 진정한 교육입니다.

우리도, 지금의 젊은 부모 세대도 경쟁 때문에 상처를 많이 받았지 않습니까? 아낌없는 사랑으로 아이를 계속 따라가주는 사람이 단 한 명만 있어도 그 아이는 성공하리라 생각합니다. 아이의 성장을 따라가면서 아이가 자기 자신이 되게 교육하는 것, 그것에 중점을 둔다면 사교육에 휩쓸리지 않습니다.

_취재: 이중삼 · 최규화 기자

엄마표 교육을 제대로 못 해
아이에게 미안해요

아이를 잃어버리지 않는 영어교육 방법

#엄마표영어 #홈스쿨링
#자기주도학습 #관계의중요성

이남수
사교육걱정없는세상 부모교육 강사

'평범한' 엄마들의 '평범한' 영어 고민을 해결해
주는 엄마표 영어 전문가. 사교육걱정없는세상
부모교육 강사, 참교육을위한전국학부모회 울
산지부 지부장, 지역아동센터 자람터 영어교육
자문위원 등으로 활동해왔고, SBS〈그것이 알
고 싶다〉, EBS〈다큐프라임〉등 방송에 출연했
다. 저서로《엄마, 영어방송이 들려요!》《솔빛이
네 엄마표 영어연수》《부모 내공 키우기》《굿바
이 사교육》(공저)《디지털 놀이의 시대, 아이와
소통하기》(공저) 등이 있다.

'엄마표 교육'은 흔히 부모가 사교육을 선택하지 않고 집에서 직접 아이를 가르치는 것을 말합니다. 사교육의 부작용 또는 비용 부담 등 여러 이유로 엄마표 영어를 선택하는 분들이 많지요. 저 역시 평범한 부모들이 하는 이런 고민을 갖고 엄마표 영어를 시작했습니다.

한 포털 사이트의 책 검색 페이지에 "엄마표 영어"를 입력하면 430여 종의 책이 검색된다고 합니다. 태교 영어부터 영어 놀이, 영어 요리까지 정말 많은 교재들이 있지요. 엄마표 영어가 이미 영어 교육에서 한자리를 차지하고 있는 것입니다.

엄마표 영어에 속 끓이는 부모들

그런데 이 엄마표 영어가 오히려 아이와 부모 양쪽에 부담이 되는 경우를 종종 봅니다. 한 영어교육 업체가 학부모 500여 명에게 설문조사를 했는데, 90% 가까운 부모들이 엄마표 영어교육을 해본 적이 있었다고 해요. 그런데 그중 86.4%가 영어교육 때문에 스트레스를 받았다고 하지요.

—— 영어교육으로 스트레스 받는 부모들

2016년 학부모 527명을 대상으로 설문조사를 한 결과, 엄마표 영어 교육을 해본 적 있는 이들 가운데 86.4%는 "영어교육으로 스트레스를 받은 적이 있다"고 답했다.

스트레스를 받는 이유(복수응답)로는 "본인의 영어 실력이 부족해서"라고 답한 비율이 54.4%로 가장 높았다. 이어 "가르치는 방법을 잘 몰라서"(47.1%), "시간적인 여유가 없어서"(35.3%), "영어 발음이 좋지 않아서"(32.3%), "자녀와의 사이가 점점 나빠져서"(23.6%)라는 등의 답변이 나왔다.

그런 분들에게 하고 싶은 말이 있습니다. **"영어보다 아이를 보라"** 는 겁니다. 어떤 교육을 하든 가장 중요한 점이지요. 아이보다 영어가 더 중요한 건 아니잖아요? 아이는 잃어버리고 영어만 남으면 무슨 소용이에요?

학원 한 시간 더 보내고 학습지 하나 더 시키려고 아이를 구박하고 다그치고, 직접 뭔가를 더 많이 가르치려고 애쓰다가 아이에게 짜증 내는 경우가 많다면, 차라리 가르치지 않는 편이 더 낫습니다. 아이에겐 따뜻하게 품어주는 엄마가 더 필요하기 때문이지요.

엄마표 영어 vs 학원 영어

영유아기 영어교육을 고민하면서 맞닥뜨리는 가장 중요한 선택의 갈림길은 바로 "유아 대상 영어학원에 보낼 것인가 말 것인가" 하는 것이라고 여기기 쉽습니다. 그런데 중요한 건 그게 아닙니다. **유아 대상 영어학원에 보내는 건 자유지만, 그다음에 어떻게 그만큼의 영어 노출 환경을 유지할 것인지가 진짜 문제지요.**

—— 연 1,000만 원에 달하는 유아 대상 영어학원 비용

국회 교육위원회 소속 미래통합당 전희경 의원이 2019년 9월 교육부로부터 받은 자료에 따르면, 흔히 영어유치원으로 불리는 유아 대상 영어학원의 전국 평균 월 교습비는 90만 7,000원으로 기타 경비까지 포함하면 96만 6,000원이었다. 연간 교습비는 1,088만 원, 기타 경비까지 포함하면 1,159만 원에 달했다.

근본적으로 영유아기엔 모국어를 많이 들어야 합니다. 모국어 어휘력이 영어 어휘력으로 연결되기 때문입니다. "모국어 그릇에 영어 담긴다"라는 말이 있어요. 영어로 이해할 수 있는 어휘의 폭은 모국어로 이해할 수 있는 어휘의 폭을 절대 넘지 못합니다.

영유아기는 언어능력이 폭발적으로 느는 때지요. 모국어 어휘력이 부족한 아이들은 다른 언어에 대한 이해력도 떨어집니다. 영유아기 과도한 영어교육으로 사고의 그릇이 크는 시기를 놓치면 공백이 생기고, 시간이 지나서 그 공백을 메우려면 그만큼 애를 먹을 수밖에 없습니다.

'엄마표' 교육의 가장 중요한 원칙, 조율

'엄마표' 교육에서 가장 중요한 건 '조율'입니다. 부모와 아이의 의견을 조율하는 거지요. 그 결과보다 조율의 과정 자체가 중요합니다. 조율은 끊임없는 수정의 과정입니다. 부모가 정해놓은 교육과정만 무조건 밀어붙이면 당연히 아이가 하기 싫어합니다. 수정할 필요가 있으면 조율해서 수정하는 자세가 필요하지요.

다만 조율 과정에도 아이의 발달에 따른 고려가 필요합니다. 너무 어릴 때부터 아이에게 많은 선택권을 주는 것은 바람직하지 않습니다. 어릴 때 너무 많은 것을 허용하면 아이들은 오히려 더 불안해합니다. 되는 것과 안 되는 것의 경계를 분명히 잡아줘야 하고, 나이를 먹어가면서 점점 더 선택권을 더 넓혀줘야 합니다.

엄마표 영어를 해도 영어를 못할 수도 있고 잘할 수도 있습니다. 엄마표 교육이 아니라 사교육이라도 마찬가지고요. 중요한 건 아이가 얼마나 즐겁고 편안하게 배우느냐입니다. **부모가 어떻게 가르치는지가 아니고, 아이가 어떻게 배우고 있는지가 중요하지요.**

더 좋은 성과만 생각하고 선택하면 반드시 오류가 생깁니다. 저는 필요하면 사교육도 할 수 있다고 생각합니다. 그건 부모의 선택에 달린 문제지요. 하지만 무엇을 선택하든, 중요한 점은 아이를 봐야 한다는 것입니다. 이 시기에 진짜 내 아이에게 이게 필요하고 적절한 것인지 생각하고 또 생각하고, 살피고 또 살펴보셨으면 합니다. 부모의 머릿속에서 아이는 없어지고 영어만 남으면 거기서 오류가 납니다.

들인 돈이 아깝다는 생각은 '독'이다

일찍부터 사교육으로 영어 조기교육을 시켜온 부모 중에는, "사교육이 아이한테 안 맞는 것 같지만 지금까지 시켜온 게 아까워서 포기할 수가 없다"고 말하는 경우가 있습니다. 하지만 저는 그건 교육이 아니라 도박 같다고 생각합니다. 지금까지 투자한 본전을 생각하는 태도이니까요.

아이를 행복하게 해주고 싶어서 사교육을 시킨 거잖아요. 지금 그 아이가 불행한데 영어를 가르쳐야 할까요? 그래도 그동안 한 게 아까워서 포기할 수 없다면, 아이를 두고 도박을 하는 것일 수도 있습니다. 자신이 그렇지 않은지 스스로 성찰하고 돌아볼 필요가 있지요.

영어 사교육에 대한 오해와 진실

영어 사교육에 대한 대표적 오해로는 "영어교육은 빠를수록 좋다", "유아 시기에는 우리말 배우듯이 하루 30분 정도의 영어는 필수다", "6~7세 무렵 유아 대상 영어학원을 보내는 게 좋다" 등이 있습니다. 예전에는 저도 비슷했지요. 영어공부를 빨리 시작할수록 좋다는 생각이었어요. 그래서 아이가 6세일 때부터 학습지를 시켰습니다.

처음에는 아이도 영어공부를 재미있어했지만, 진도가 너무 빨라지고 내용이 어려워지면서 문제가 생겼습니다. 자꾸 아이에게 잔소리하고, 심지어는 아이와 싸우게 되더라고요. 얻는 것보다 잃는 것이 더 많았습니다.

그 뒤로도 특별활동으로 영어를 가르치는 유치원, 원어민 강사가 영어를 가르치는 학원도 보내봤습니다. 하지만 레벨 테스트나 학원의 교육방식 때문에 스트레스를 받는 아이의 모습을 보고 사교육을 그만두게 됐지요. 저도 그런 시행착오 끝에 엄마표 교육으로 돌아온 것입니다.

저는 0세에서 초등학교 3학년까지를 '터잡기' 기간이라고 말합니다. 터잡기란, 부모와 친밀감을 형성하여 모국어 기반을 튼튼히 하고 주도적인 놀이 활동과 생활 태도를 통해 영어학습을 잘할 수 있는 바탕을 만드는 것이지요. 터잡기 기간은 정말 소중합니다. 이때는 '영어학습'보다 평생 쓸 영어 감각을 익혀야 합니다.

영어교육은 '초등학교 3학년'부터

그럼 엄마표 영어는 언제부터 하는 게 좋을까요? 수많은 사례를 살펴본 결과, **'초등학교 3학년'을 적절한 영어교육 시기로 결론 내릴 수 있었습니다.** 정규교육과정 내 영어 수업이 초등학교 3학년 때부터 시작되기도 하고, 모국어 발달이 안정적인 시기가 대개 3학년쯤이기 때문입니다. 그 시기부터는 영어를 하지 못하는 엄마들도 미디어를 활용하면 안정적으로 영어교육을 할 수 있습니다.

저는 미디어를 활용하는 엄마표 영어교육을 3학년 이전에는 권하지 않습니다. 초등학생보다는 유아가, 유아보다는 영아가 스마트기기 등 미디어에 과몰입할 위험성이 높기 때문입니다.

실제로 저는 아이의 모국어 발음이 정확해졌을 시기인 초등학교 4학년 때부터 영어 원음 비디오로 영어를 본격적으로 접하게 했습니다. 3학년 이전에는 영어에 노출하기보다 한글로 된 책을 직접 읽어주는 것에 초점을 뒀지요. 초등학교 2~3학년까지는 직접 읽어주고, 이후로도 책을 읽고 그에 관한 이야기를 서로 나누는 활동을 했습니다.

사실 아이가 어릴 때도 책 읽어주기보다는 아이랑 수다 떨기를 더 많이 했습니다. 그래서 아이는 우리말을 잘했고, 그렇게 되니 영어로도 말을 잘하더군요. 수많은 사례를 통해 모국어 성향이 영어 습득에서도 그대로 반영된다는 사실을 직접 확인했습니다.

"엄마표 영어를 하다 아이와 싸웠어요"

엄마표 영어에서 가장 고려해야 할 점은 '정서'입니다. 엄마표 영어는 관계가 가장 중요합니다. 관계가 깨지면 아무것도 할 수 없습니다. 아무리 교습법이 좋아도 소용없지요.

엄마표 영어를 해보려다가 아이와 싸우고 관계가 나빠졌다는 부모들도 많습니다. 그런 걸 저는 엄마표 영어가 아니라 '엄마표 입주 과외'라고 표현합니다. 사교육보다 더 나을 것이 없지요. 그러면 엄마랑 사는 게 아니라, 선생님하고 사는 꼴이 됩니다. 오죽하면 하나부터 열까지 다 관리하는 엄마한테 질린 아이들이 "학원은 끊을 수나 있는데 엄마표는 끊지도 못한다"고 하겠어요. '엄마표'도 과하게 하면 사교육보다 더 숨통이 막힐 수 있습니다.

2015년 사교육걱정없는세상은 평균 14년 경력의 소아정신의학과 전문의 10명을 대상으로 설문조사를 했다. 그 결과 영어 조기교육에 대해 10명 중 7명이 "영유아의 정신건강에 부정적인 측면이 더 크다"고 답했다. 이유로는 "낮은 영어학습 효과"(60%), "정서발달에 부정적"(50%), "아이의 영어학습 거부"(40%)가 지목됐다.

"동화책 정도는 미리 읽어줘도 괜찮지 않을까요?"

영유아기에 영어 동화책을 읽어주는 것 정도는 미리 시작하고 싶다는 부모들이 있습니다. 엄마도 행복하고 즐거운 마음으로 직접 영어 동화책을 읽어주신다면 괜찮습니다. 아이와 정서적 교감을 할 수 있으니까요. 그러나 그걸 시작으로 영어에 대한 욕심이 생겨서 오디오나 미디어 매체를 이용하여 아이를 장시간 영어에 노출시키지 않도록 주의하셨으면 합니다.

영유아기에 미디어를 통한 영어교육은 위험하다는 사실을 인지하셔야 합니다. 언어는 양방향으로 반응하면서 익히는 건데 미디어는 정보를 일방적으로 전달하기 때문입니다. 미디어에 장시간 노출되면 비디오증후군(과도한 비디오나 텔레비전 시청으로 인한 유사 발달장애, 유사 자폐, 언어 장애, 사회성 결핍 등)이 생길 염려도 있습니다.

기본적으로 영유아기에는 영어로 된 책을 접하지 않아도 된다고 말씀드리고 싶습니다. 그래도 굳이 보여주고 싶다면 부모가 직접 읽어주시라고 조언하겠습니다. 영어책 읽어주기가 부담되시는 분들은 굳이 하지 않아도 됩니다. 혹시 영어책을 직접 읽어주실 수 없어서 미디어 매체를 활용하신다면 자극을 낮춰서 접하도록 해주셨으면 합니다.

저는 영어 노출은 일주일에 30분 정도면 충분하고, 초등학교 1~2학년 시기에도 하루에 한 시간 넘게 하진 마시라고 말씀드립니다. 엄마도 아이도 지치면 곤란하기 때문입니다.

영어책 읽어줄 에너지로 아이에게 더 많이 웃어주고 안아주고 우리글 동화책을 읽어주세요. 터잡기 시기에는 영어보다 아이 정서가 중요하니까, 거기에 맞춰가는 것이 중요합니다.

아이를 알아가는 엄마표 교육

엄마표 영어연수를 하는 많은 엄마들이 기억했으면 하는 점이 있습니다. 엄마표 영어를 진행하시면서 학원이나 과외 등의 양념을 더할 수는 있지만, 시기나 양을 잘못 조절할 경우 요리도 망치고 아이의 건강도 해칠 수 있다는 점입니다. 특히 영리를 목적으로 하는 사교육 기관은 양념 중에서도 자극이 강한 화학조미료에 비유하고 싶습니다. 화학조미료보다는 정성과 신선한 재료에서 나오는 맛이 더 좋지 않을까요?

사교육은 '병원'과 같습니다. 평소에 스스로 식습관을 관리하고 운동도 열심히 해야 건강해지는 거지, 매일 병원에 간다고 건강해지는 않지요. 공부 역시 기본적으로 아이가 스스로 주도해나가면서, 사교육이 필요할 때만 적당한 수준에서 활용하는 것이 좋습니다.

사교육이 병원이라면 조기교육은 '신경안정제'입니다. 아이가 하고 싶어서 하는 것도 아니고, 조기교육이 아이에게 오히려 좋지 않다는 전문가들의 견해도 있지만, 결국 부모의 '불안' 때문에 조기교육을 선택하게 되지요. 조기교육이라는 신경안정제가 위안이 된다면 좋지만 그것도 너무 많이 복용하면 내성이 생겨서 점점 더 강한 약을 먹어야 하는 지경에 빠진다는 점, 유의하세요.

"SNS에 좋은 정보가 많던데요"

SNS를 통해 '엄마표' 교육 정보를 얻고 따라 하는 분들도 많습니다. 그런데 자칫하면 초보들끼리 실시간으로 시행착오를 공유하면서 그 집 아이의 시행착오까지 따라 하게 됩니다. 그러면 위험할 수 있지요.

그나마 저처럼 세월 속에 검증된 선배들의 사례를 참고하면 덜 위험하지만, 그 역시도 참고 정도만 하시기 바랍니다. 내 아이의 성항을 잘 파악하고 내 아이가 어떻게 배우는 것을 좋아하는지에 집중하시는 것이 더 중요합니다.

우리 아이를 파악하고 싶으면, 아이의 하루하루 생활을 시간대별로 기록해보세요. 계획표가 아니라 기록표입니다. 거기서 아이가 원해서 하는 것과 엄마가 시켜서 하는 것, 또는 주도적으로 즐겨서 하는 것과 해야 하니까 억지로 하는 것으로 아이의 반응을 살피고 분류해보세요. 꾸준하게 기록하면 아이의 모습이 보이기 시작합니다. 보통 "내 아이는 내가 제일 잘 안다"고 착각하는데, 내가 알고 있던 것과 많이 다를 수 있지요.

엄마표 영어 교재를 선택할 때 생각해야 할 기준

엄마표 영어를 시킬 때 어떤 교재를 선택해야 하나 고민이 많으시지요? 제목에 "100일의 기적", "7주 완성" 이런 말들이 있는 교재는 무조건 피하세요. 절대 그런 일은 없습니다. 언어를 배운다는 게 그렇게 단순한 문제가 아니니까요. 기간을 정해놓고 "이거면 된다" 하는 것은 말도 안 됩니다.

또 지나치게 촘촘한 로드맵을 따라 단계적으로 짜여 있는 교재도 피하세요. 부모들이 볼 때는 그게 체계적이라 좋다고 느낄 수 있지만, 그만큼 아이를 틀 속에 가둘 가능성이 있습니다. 아이들이 로봇이 아닌 이상 불가능한 일입니다. 아이들은 절대로, 교재가 설정해놓은 것처럼 다 똑같지가 않으니까요.

그런 로드맵을 따르는 것은 꼭 아이가 태어나자마자 평생 입을 옷을 다 사놓는 것과 같습니다. 몇 살 때 이 옷 입고, 몇 살 때는 또 이 옷 입고를 미리 계획해놓는 거지요. 하지만 아이가 언제 얼마나 클지 어떻게 알겠습니까? 그래서 교재도 그런 식으로 구성된 것은 피해야 합니다. 그때그때 아이가 자기한테 필요한 교재를 직접 고르기도 하고, 그 교재를 활용해서 어떻게 배울 것인지 의견을 내는 것 자체가 굉장히 중요한 자기 주도 학습의 시작점입니다.

교재와 커리큘럼이 미리 다 짜여 있으면 아이의 주도성이 들어갈 틈이 없습니다. 기본적으로 학교의 교육과정을 따라가되, 아이가 자기한테 필요하다고 생각하는 교재를 선택하는 기회를 주시면 좋겠습니다. 그런 과정을 통해 창의적 주도 학습의 역량이 키워지거든요.

엄마표 교육을 통해 얻을 수 있는 것들

엄마표 교육에는 많은 장점이 있습니다. 일단 시간이 엄청나게 절약됩니다. 학원 왔다 갔다 차 타고 다니는 시간을 아낄 수 있잖아요. 그리고 당연히 돈이 절약되죠. 하지만 제일 중요한 건 아이들의 삶의 에너지가 절약된다는 겁니다. 아이들이 학원 다니느라 써버릴 시간과 에너지를 아꼈으니까 놀 수가 있어요. 놀이시간이 확보되기 때문에 아이들이 굉장히 좋아합니다.

그리고 엄마표 교육은 아이에 대해 파악해야 하는 만큼 학습 외적으로도 아이의 성향이나 속마음을 많이 알게 됩니다. 부모와 아이의 '좋은 관계'가 엄마표 교육의 전제조건이기 때문에 당연하지요. 실제로 멘토링을 받은 부모들 중에는 "영어 때문에 시작했는데 가정의 평화까지 얻었다"는 분이 더 많아요.

엄마표 영어의 바른 길

다시 한번 말씀드립니다. **원칙은 '아이 중심'입니다. '엄마표 교육'을 하기에 앞서 있는 그대로의 아이의 모습을 바라보고 인정하는 시간을 가지시길 권합니다.** 부모가 먼저 아이의 성향을 파악하고, 또 아이 스스로 자기가 해낼 수 있는 게 무엇인지 성찰할 수 있게 해야 합니다. 아이의 성찰을 도와주는 게 부모의 주요 업무니까요.

—— 엄마표 영어의 원칙

2013년 사교육걱정없는세상 영어사교육포럼에서는 "효과적인 엄마표 영어를 위한 원칙"으로 ▲ 엄마 의욕만 앞세우지 말자 ▲ 아이의 흥미와 특성을 잘 아는 것이 중요하다 ▲ 아이가 영어학습을 할 준비가 되었는지 관찰하고 의논한다 ▲ 다른 아이와 비교하거나 다른 사람의 방식을 따라하지 않는다 ▲ 아이가 즐기고 있는가 이외의 다른 평가는 하지 않는다 ▲ 교재와 교육 방법은 아이 중심으로 선택한다 ▲ 꼭 해야 한다는 강박관념을 버리자 등을 들었다.

교육에 정답은 없습니다. 다만 '그 아이'와 '그 부모'만의 길을 '좋은 관계' 속에서 꾸준히 찾아야 할 뿐이지요. 부모 스스로 다른 아이들이 어떤 성과를 냈는지는 알고 있지만 정작 내 아이에 대해서는 모르고 있다는 사실을 인식해야 해요. 아이는 성장하며 끊임없이 변하기 때문에 성장에 맞춰 계속 관찰해야 합니다.

저 또한 아이를 가르칠 때 "아이가 싫어하면 억지로 시키지 않는다"는 원칙을 지키려 많이 노력했습니다. 사회적인 요구에 맞추려고 하기보다는 내 아이 스타일에 맞추려고 했어요. 그게 부모의 역할이라고 저는 생각했습니다.

'빨리빨리' 교육 대신 차근차근 관계를 적립하라

아이 키우기는 전자게임하고 똑같은 것 같습니다. 게임을 할 때는 아이템도 착실히 먹고 포인트도 챙기면서 가야 되잖아요. 무조건 스테이지만 빨리 넘어간다고 능사가 아닙니다. 아무리 스테이지를 빨리 뛰어넘어도 모아놓은 아이템이나 포인트가 부족하면 나중에

'끝판왕'을 만났을 때 '클리어' 할 수가 없어요.

한 살이라도 어릴 때 조기교육을 하고 빨리빨리 레벨만 올리는 건, 게임으로 치면 아이템은 안 모으고 스테이지만 빨리 넘기는 것과 같습니다. 아무리 열심히 해도 결국 성공할 수 없어요. 게임은 다시 시작할 수라도 있는데, 아이를 키우는 건 늘 생방송이잖아요. 다시 되돌릴 수 없는 만큼 모든 단계에서 신중해야 합니다.

'아이 키우기'라는 게임에서 모아야 할 아이템은 아이와의 관계, 그리고 아이와의 추억입니다. 모아야 할 때 모아놓지 않으면 나중에는 절대 모을 수 없습니다. 어렸을 때 '신뢰감 통장'에 잔고를 많이 만들어놔야 사춘기 때 빼서 쓸 수 있어요. **조기교육 한다고 아이와의 관계를 망치고 신뢰감 통장이 텅텅 비면 나중에 정말 힘들어집니다.**

공동체를 꾸려라

저는 부모들이 교육문제에 있어서 '중심'을 잃지 않기 위해서 공동체를 이뤄 함께 고민하기를 권합니다. 서로 시행착오를 나누고 그 경험을 건강한 문제의식으로 발전시킬 수 있는 부모 공동체가 필요합니다. 저 또한 생각이 같은 사람들, 고민을 나누고 토론할 수 있는 사람들을 끊임없이 만나왔지요.

지금까지도 참교육을위한전국학부모회, 울산부모교육협동조합, 사교육걱정없는세상 등의 교육시민단체 활동을 이어오고 있습니다. 강의와 상담으로 만나는 부모들을 지역마다 공동체로 엮어주고, 그들 스스로 경험을 나누고 고민을 함께하도록 하는 일을 돕고 있지요.

2020년부터는 울산교육청에서 '다듣영어(다多 들으면 다all 들린다)'라는 듣기중심의 영어교육에 대한 학부모 교육 공동체를 구성하고 멘토로 활동 중입니다. 혼자 극복하기 힘든 자녀 영어교육을 학부모들이 협력해서 극복하도록 돕고 있지요. 유튜브에서 "다듣영어"로 검색을 하시면 울산교육청에서 제가 진행한 다듣영어 학부모 연수 동영상이 있습니다. 궁금하신 분들은 참고해보세요.

결국 아이의 행복이 가장 중요하다

이제 영어교육의 목표는 "시험 점수 몇 점"이 아니라 행복한 "세계 시민으로 키우는 것"이 돼야 합니다. 우리만의 경쟁이 아니라 세계를 이해하는 차원으로 흘러가야 하지요. 아이들은 세계와 소통하고 공감하는 도구로서 영어를 배워야 합니다. 따라서 영어를 배워가는 과정에서도 배려받고 존중받고, 주도성을 발휘할 기회를 충분히 가져야 하지요. 배우는 과정이 행복해야 합니다.

영어를 어떻게 가르쳐야 하나 생각하면 많이 불안한 게 사실입니다. 그래서 사교육도 엄마표도 고민하지요. 그런 부모들의 불안한 마음은 저도 충분히 이해하지만, 불안으로 인해 착각하고 좋은 판단을 내리지 못하게 된다는 점이 참으로 안타까울 때가 많습니다.

부모들이 크게 착각하는 점이 있습니다. 아이를 내 마음대로 할 수 있다고 생각하는 것입니다. 사실 내 인생도 내 마음대로 안 되잖아요? 아이는 독립된 인격체입니다. **아이를 내 마음대로 만들 수 있다고 생각하면 안 됩니다.**

아이 키우기는 정말 어려운 일입니다. 그런데 사회적으로 인정받기는커녕 무시당하고 있습니다. "능력 없으면 집에서 애나 보라"는 식으로 말이죠. 그리고 부모의 불안도 부모 잘못만이 아닙니다. 우리나라 사회와 교육의 경쟁적인 측면 때문인데, 그 또한 부모 탓으로 돌리고 비난하곤 합니다. 그래서 아이 키우는 일이 더 어려워집니다.

그럼에도 불구하고 우리는 부모이기에 정성을 다했으면 합니다. 돈보다는 사랑과 정성으로 교육했으면 합니다. **우리가 아이들을 위해 무엇을 할 수 있을지 작은 실천부터 차근차근 살피다 보면 길이 보일 겁니다.** 결국 아이의 행복이 가장 중요하니까요. 그리고 그 아이를 가장 사랑하는 사람은 부모이니까요. 이 땅의 모든 부모에게 응원의 박수를 보내드리고 싶습니다.

_취재: 김윤정 · 최규화 기자

오해

9

교과 특별활동을 많이 하는 기관이
좋은 곳 아닌가요

놀이 중심 교육기관의 중요성

#특성화프로그램
#생태유아교육
#놀이 #열린어린이집

임미령
수도권생태유아공동체 이사장

대안 유아교육운동인 생태유아교육 활동에 오
랜 기간 몸담아왔다. 교육생활협동조합이자 사
회적 기업인 수도권생태유아공동체의 이사장을
맡고 있다. "사람과 자연이 한 생명"이라는 이념
아래 아이살림·농촌살림·생명살림을 지향한
다. 또 "좋은 교사는 아이들로부터 배운다"는 철
학으로 20년 가까이 유아교육 임용고시 강사로
활약 중이다.

이번에 어린이집을 처음 보내려고 해요. 초보맘이라 정말 하나도 모르겠어요. 알아봐야 할 게 너무 많네요. ㅠㅠ 어렵게 소문 좋은 두 곳을 골랐는데 특별활동에 차이가 있어요. 한 곳은 특별활동을 아예 안 한다고 하고, 다른 한곳은 영어로만 주 3회 한대요. 나중 생각하면 영어를 시켜야 할 거 같은데… 한 달에 10만 원 넘게 추가로 내는 게 부담이긴 해요. 특별활동, 하는 게 좋은가요?

맘카페 게시글 중 다수는 유치원과 어린이집 선택 고민 글이라고 하지요. 내 아이가 잘 있을 곳을 고르려면 내부시설, 외부환경, 급간식, 원장 경력 등등 확인해야 할 사항이 한둘이 아닙니다.

그중에서도 특별활동 여부는 부모를 특히 고민스럽게 만듭니다. 추가로 비용을 부담해야 하는 데다가, 아이 미래를 고려해 해야 할 것 같으면서도, '벌써?'라는 생각이 들면서 꼭 필요하지 않은 것 같기도 하기 때문이지요.

2000년대 이전까지는 유치원에서 특별활동을 활성화하지 않았습니다. 오히려 특별활동 하는 유치원은 전문성이 없는 곳이라는 인식도 있었지요. 유아교육 기관에 사교육 요구가 생긴 요인은 IMF 이후 맞벌이가 늘면서 장시간 돌봄에 대한 요구가 생겼기 때문입니다.

특별활동의 정의와 실태

|

통칭 '특별활동'은 유치원의 특성화프로그램과 어린이집의 특별활동을 묶어 부르는 말입니다. 유치원 특성화프로그램은 방과 후 과정 유형 중 하나지요.

유치원의 특성화프로그램과 어린이집의 특별활동을 사교육으로 봐야 할지에 대한 논란도 있습니다. 2013년부터 2017년까지 육아정책연구소는 매년 영유아 사교육비 관련 연구를 발표했습니다.

2018년 서울시교육청에서 배포한 '유치원 방과 후 과정 길라잡이'는 특성화프로그램을 "교육과정 이후 반드시 방과 후 과정에서만 운영할 것"과 "유치원운영위원회 심의(자문)를 거쳐 원아 1인당 1일 1개, 1시간 이내 운영할 것"을 정하고 있다.

"특성화프로그램 과다 개설로 인해 유아들의 피로와 학습 부담을 야기하거나 학부모의 사교육비 부담이 가중되지 않도록 유아교육 원칙에 충실하게 운영할 것"도 명시했다.

현행 영유아보육법 제29조 4항은 "어린이집의 원장은 보호자의 동의를 받아 일정 연령 이상의 영유아에게 보건복지부령으로 정하는 특정한 시간대에 한정하여 보육과정 외에 어린이집 내외에서 이루어지는 특별활동프로그램(이하 "특별활동"이라 한다)을 실시할 수 있다"고 명시한다. 영유아보육법 시행규칙은 24개월 이상 영유아를 대상으로 낮 12시부터 오후 6시까지 특별활동을 운영할 수 있도록 했다.

유치원과 어린이집 특별활동은 모두 의무가 아니다. 어린이집은 특별활동에 참여하지 않는 영유아에게 특별활동을 대체할 프로그램을 함께 마련하도록 했으며, 유치원은 "학부모 선택에 의한 자율적 참여를 기반으로 운영한다"고 안내한다.

조사에 따르면 2014년 3조 2,289억 원이던 영유아 사교육비 연간 총액 규모는 2015년 1조 2,051억 원으로 반 이상 줄었지요. 결과만 보면 좋아 보입니다. 하지만 이 조사 결과는 특별활동비용을 뺀 것이었기 때문에, 일부 시민단체는 이 점에 이의를 제기하기도 했습니다.

—— **사교육의 범위 논란**

교육시민단체 사교육걱정없는세상은 2015년 연구에서 사교육비 산정기준이 변경된 것에 문제를 제기했다. 2015년 연구는 교구활용 교육, 전화·인터넷 등 통신교육, 특별활동(방과 후 과정 특성화활동)비, 특별활동 교재·교구비 등을 사교육 범위에서 제외했기 때문이다.

사교육걱정없는세상은 학부모가 원비나 보육비와 별도로 프로그램 비용을 부담하는 데다, 영어나 수학과 같이 강사 위주의 학습 과목을 운영하고, 유치원과 어린이집 교사가 아닌 민간 교육업체에서 강사를 파견해 프로그램을 진행한다는 점에서 특성화 프로그램과 특별활동을 사교육으로 봐야 한다는 의견이다.

특별활동은 왜 생겨났을까

유치원과 어린이집에 특별활동이라는 형태로 사교육 요구가 침투한 원인은 뭘까요?

바로 **'척박한 육아환경'** 때문입니다.

독박육아를 하는 양육자에게 사교육 프로그램을 이용하는 이유를 물으면 "집에서 종일 아이를 혼자 돌보기가 어려워서"라고 호소합니다. 아이를 데리고 놀러 가려고 해도 갈 곳이 없거든요. 대형 마트나 백화점에서 운영하는 문화센터에 일주일에 두세 번 가거나, 키즈카페에 방문하게 되지요.

'직장맘'의 경우, 기관이 끝나는 시간까지 아이들을 직접 데리러 가기 어렵습니다. 때문에 학원 차가 부모 대신 기관에서 아이들을 데리고 다른 학원으로 실어 나릅니다. 예전과 비교하면 육아휴직 사용자 비율도 많이 늘고, 직장 문화도 바뀌었다고 하지만 아직 일부가 받는 혜택에 불과하지요. 우리 사회 구성원 모두가 '아이를 함께 기르고 있다는 인식'을 가져야 합니다.

좋은 기관은 '놀이 중심' 기관이다

영유아 사교육은 효과가 없습니다. 영유아기 아이는 놀게 하는 게 맞습니다. 인간의 두뇌는 처음부터 언어와 같은 추상적 상징체계를 처리하게 돼 있지 않아요. 아이들은 끊임없이 움직이고 싶어합니다. 활발한 움직임과 자발적인 놀이를 통해 전인적 발달을 이루어가는 것이 영유아기 발달의 핵심입니다.

발달심리학자인 로베르타 골린코프와 '놀이 학습'을 개발하는 전문가 캐시 허시-파섹은 저서 《최고의 교육》(예문아카이브, 2018)에서, 40여 년간의 연구결과를 바탕으로 아이들에게 필수적인 "21세기 역량"을 제시했습니다. 이 역량이란 "6C"로, 협력Collaboration, 의사소통Communication, 콘텐츠Contents, 비판적 사고Critical Thinking, 창의적 혁신Creative Innovation, 그리고 자신감Confidence을 말합니다.

6C 역량은 각각 네 단계를 거쳐 발달합니다. 저자들은 이 역량들이 독립적으로 발달할 수는 없다고 합니다. 또 아이의 연령과 수준, 그리고 적합한 경험을 얼마나 했는지에 따라 발달 정도가 다르다고도 합니다. 여기에 시도하면서 실패를 경험하는 것이 최고의 학습이라고 주장하지요.

아이들이 놀이를 통해 스스로 경험하게 하고, 부모나 친구들과 함께 그 경험에 대해 생각하고 이야기를 나누는 것이 이 시기의 발달을 이끌어가는 가장 중요한 맥락입니다.

어린이집과 유치원을 고를 때 유의할 점

아이를 기관에 보낼 때는 **'아이가 잘 놀 수 있는 곳'을 찾아야 합니다.** 아이들은 기관 내에서 온종일 생활하기 때문에 아이들의 건강을 고려하여 기본적인 자재나 교구에 자연친화적인 소재를 사용하는 기관이 좋습니다.

또한, 유아기는 움직임의 욕구로 성장하고 발달하지요. 그래서 아이들은 바깥에서 충분히 뛰어놀아야 합니다. 아이들은 자연환경에 있을 때 행복감을 느끼고 잘 몰입합니다. 그러니 바깥 놀이터에 물모래나 흙 놀이터가 있는지 반드시 확인해야 합니다.

또 기관에서 친환경 식자재를 사용하는지, 급식·간식과 연계해서 안전한 먹거리를 선택할 수 있는 식생활교육이 제공되는지 여부도 우리 아이의 몸과 미래 건강을 위한 필수 조건입니다.

'좋은 기관'을 구분하는 기준

생태교육이나 놀이 중심 교육, 활동 중심 교육 등을 운영하고 있는 기관이라면 기본적으로 신뢰해도 좋습니다. 또 열린 유치원이나 열린 어린이집을 방침으로 하고 있다면 그만큼 자신 있고 투명하며, 무엇보다 부모와 함께 아이들을 기르겠다는 의지를 갖췄다고 봐야 합니다.

힘들기는 하지만 부모들을 이해시키려 노력하고, 수고스럽고 번거롭지만 환경친화적인 먹거리를 먹이려고 고생하고, 종일 아이들과 뛰어노느라 지치고 힘들지만 아이들의 활기찬 웃음에서 보람을 찾는 선생님들이 있는 곳이라면 신뢰할 수 있습니다.

모두 편리하고 쉬운 길을 찾아 나서는 세상에서, 우직하게 아이들에 대한 사랑만으로 오늘도 땀 흘리며 수고를 아끼지 않는 현장의 원장님과 선생님을 존경하는 문화가 정착되기를 바랍니다.

특별활동에 대한 진실

|

한국 영유아 부모는 기관 특성화프로그램(또는 특별활동)에 의존하는 경향을 보입니다. 보건복지부의 '2018년 전국보육실태조사'는 "2009년 이후 총 4회에 걸친 조사를 통해 2009년 이후 반일제 이상 영유아 보육·교육기관에서 영유아의 특별활동 이용이 증가하고 있고, 5개 이상의 프로그램을 이용하는 비율도 지속 증가하고 있다"고 밝혔지요.

—— **각국 특성화프로그램 이용실태**

육아정책연구소의 〈영유아 사교육 실태와 개선 방안 III: 국제비교를 중심으로〉(2017)에 따르면 한국 영유아 77.2%는 교육·보육기관 특성화프로그램을 이용하는 것으로 나타났다.

2~5세 학부모 1,436명(한국 316명, 일본 249명, 대만 354명, 미국 301명, 핀란드 216명)을 대상으로 한 조사에서 미국은 18.9%, 핀란드는 15.5%, 일본은 11.6%가 특성화프로그램을 이용한다고 답해 한국과 격차가 컸다. 대만만 85.3%로 한국보다 높았다. 평균 이용 프로그램 수도 한국은 2.8개로, 다른 국가 영유아에 비해 많은 프로그램을 이용했다.

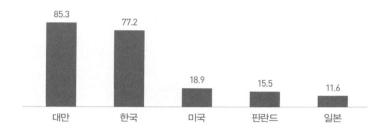

각국 특성화프로그램 이용 비율 (단위: %)

- 대만: 85.3
- 한국: 77.2
- 미국: 18.9
- 핀란드: 15.5
- 일본: 11.6

한국은 외국어, 수학, 과학 등 학습을 목적으로 하는 특성화프로그램 과목 비중도 높다. 특히 외국어 과목 이용 비율은 67.6%로, 23.3%인 대만과 비교해도 세 배가량 높다. 과학 과목 이용 비율도 41.6%로 13.9%인 대만보다 두 배 이상 높은 수치다. 반면, 일본과 핀란드 영유아는 보육·교육기관 특성화프로그램에서 외국어 과목을 이용하지 않는 것으로 나타났다.

특별활동은 좋은 기관의 기준이 될 수 없다

특별활동을 많이 하는 곳은 오히려 교육에 대한 전문성이 부족하다고 봐야 합니다. 영유아기 교육은 교사와 아이의 일상적인 상호작용으로 이뤄집니다. 따라서 철학이 없고, 놀이와 생활 중심 교육에 대한 이해가 없이 특별활동 위주로 일과를 운영하는 기관은 아이의 발달에 별 도움이 되지 않습니다.

'좋은' 특별활동도 있을 수 있지 않을까요, 하고 묻는 분들이 계십니다. 아이들에게 특별한 활동은 필요하지 않습니다. 하지만 기관에서 아무것도 하지 않는다고 부모가 인식하는 것은 문제가 되지요. 그렇기 때문에 어린이집이나 유치원은 일과 동안 아이들이 어떻게 생활하고 성장하고 있는지 지속적으로 부모와 소통할 필요가 있습니다.

그럼에도 특별활동을 선택해야 한다면

특별활동을 꼭 해야 한다면 아이들이 부담을 느끼지 않고 흥미롭게 참여할 수 있는 '놀이'여야 합니다. 이것은 나이에 따라 차이가 있겠지요. 나이대가 높은 반은 일주일에 1~2회 정도의 체육 활동이 도움이 됩니다. 국악 놀이나 숲 놀이와 같이 유아들 중심의 지속적인 프로젝트 활동을 예로 들 수 있고, 지역 봉사자와 함께하는 텃밭 활동도 좋습니다.

아이들이 기관에 오래 머무는 경우, 일상적인 지역사회 활동이나 문화 활동이 부족할 수 있으니 기관 견학이나 체험을 할 수 있는 프로그램이 좋습니다. 지역 관공서나 전통시장, 은행, 병원 등을 방문하거나 동네에 있는 공원과 산책로를 돌아보는 활동을 예로 들 수 있겠네요.

반대로 **반드시 피해야 하는 특별활동도 있습니다. 영어 등 교과 성격의 학습입니다.** 아이들의 지능을 섣불리 계발하려는 활동이나 영재교육은 해선 안 됩니다. 무엇보다 이런 학습을 아동에게 여러 개 시키는 것이 가장 위험합니다.

특별활동의 또다른 이유

어린이집이나 유치원을 운영하는 분들은 어쩔 수 없이 특별활동을 운영하기도 합니다. 한 가지 이유로 부모들의 요구가 있지요. 또 교사들이 많은 수의 아이를 오랜 시간 보육한다는 점도 또 다른 원인이라고 봅니다. 피로도가 높은 상태에서 긴 시간 혼자서 많은 아이를 돌보는 것은 교사들에게 과중한 부담이지요. 그래서 특별활동을 하지 않는 기관을 교사들이 꺼리는 경우도 있습니다.

개정 누리과정과 교육현장의 변화

정부는 2019년 7월 '2019 개정 누리과정'을 확정, 발표했습니다. 그러면서 누리과정을 '유아 중심·놀이 중심'으로 개정했다는 점을 내세웠지요. "교사 주도 활동을 지양하고, 유아가 충분한 놀이 경험을 통해 몰입과 즐거움 속에서 자율·창의성을 신장하고, 전인적인 발달과 행복을 추구할 수 있도록 했다"는 것이 정부의 설명입니다.

정부는 신체운동·건강, 의사소통, 사회관계, 예술경험, 자연탐구 등 기존 교육과정 5개 영역은 유지하되, 369개였던 연령별 세부 내용을 통합 59개로 줄였다. 다양한 교육방식이 발현될 수 있도록 유치원과 어린이집 현장의 자율성을 확대하기 위한 조치다. 누리과정 개정안은 국가 수준 교육과정으로서 구성 체계를 확립했다는 특징을 가진다. 기존 교육과정은 0~2세 표준보육과정과 초등학교 교육과정 사이를 연계하는 역할에 그친 것에 반해, 개정안은 누리과정의 위상을 국가 수준의 공통 교육과정으로 끌어올렸다.

"누리과정이 기대보다 낮은 수준"이라고 지적하는 분도 있습니다. 저는 이런 지적에서 가장 큰 문제는 부모가 유아기 학습에 과도한 기대를 하는 것이라고 봅니다. 물론 사람은 태어나는 순간부터 죽을 때까지 배우는 존재라고 하지만 인간의 발달에는 각 시기마다 적절한 배움의 과제가 있습니다.

국가 수준의 교육과정은 과학적인 근거와 여러 분야 전문가 의견을 기반으로 유아기 아이들이 배워야 할 것들을 구성합니다. 교육과정 수준이 낮다기보다는 오히려 문서 수준의 교육과정이 담은 내용을 현장이 따라오지 못하는 것입니다. 이것은 모든 교육과정의 역사에서 발생하는 어려움이기도 하지요.

기관도 부모도 변화해야 한다

사교육 문화 대부분은 부모들 사이 담론에 영향을 받았습니다. 주관을 가진 부모들은 자녀와 행복한 관계를 맺을 수 있지만, 관리하고 관리받는 부모의 아이들은 행복하지 못하지요. 그런 모습을 너무 많이 봤습니다. 자신의 삶을 스스로 이끌어가는 법을 모르는 사람은 결국 넘어지게 돼 있어요. 중요한 건 지금 아이와 행복하게 지내는 것입니다. 행복한 기억을 많이 가진 아이들은 부모를 존중하기 때문입니다.

아동이 참여하는 영유아 교육

누리과정 개정이 현장에 어떤 변화를 가져올까요? 이번 개정으로 '영유아'가 누구인지를 인식하고, 아이들이 가진 잠재력을 새롭게 발견하며, 아이들의 권리를 사회 전반에서 존중하는 '영유아 존중' 문화가 본격적으로 뿌리내리기를 바랍니다. 영유아 교육은 이제 영유아와 함께 만들어가는 교육으로의 진정한 혁신을 시작해야 합니다.

발현적 교육과정, 레지오 에밀리아, 발도르프 교육법 등은 유아에게 선택하고 결정할 권리를 줍니다. 무엇을 하고 놀 것인지 유아 스스로 선택하고 책임지는 방식이지요. 선택하고 책임질 기회를 계속해서 거치면서 아이들은 성장합니다. 아이들이 대화하고 의견을 조정해나가는 과정을 기다려줄 필요가 없습니다.

영유아 교육과정이 나아갈 길

교육과정은 기관 운영에 영향을 미치지요. 즉, 이번 유아 중심·놀이 중심 교육과정으로의 전환은 기존의 교육과정 운영 방식에 개선이 필요한 시점이 됐다는 의미입니다.

먼저, 실내 놀이 위주의 교육과정을 '실외 놀이 비중을 높이는 방향'으로 바꿔야 합니다. 학습을 위한 교재교구를 자연물을 이용한 놀잇감이나 자유형 놀잇감으로 교체하고, 바깥 놀이 공간이 없는 기관은 실내 마루나 실내 공간 한쪽에 물놀이대나 모래놀이대를 설치해 아이들이 좀 더 편안하게 구성놀이를 할 수 있도록 도울 필요가 있습니다.

아동 참여권을 증진하고자 한 누리과정의 개정 의의를 살리기 위해서는 학부모의 협조와 동의도 필요합니다. 그러려면 입학 전에 부모들에게 기관의 운영방침을 명확하게 설명해야 합니다. 누리과정에 따라 운영하며 아이들의 권리와 놀이를 중심으로 운영한다는 점을 정확하게 알리고 놀이 중심 교육과정 운영상에 따라 필요한 세부 사항들에 대한 학부모의 동의를 받아야 하지요.

이를 위해, 입학 오리엔테이션 시기부터 놀이의 발달적 중요성과 유엔아동권리협약에 따른 아이들의 권리를 부모교육으로 진행할 필요가 있습니다. 관련 내용을 담은 가정통신문이나 소책자를 배부하며, 정기적인 독서토론회를 운영하면 도움이 되지요. 결국, **기관은 학부모와의 접점을 더 많이 만드는 방향으로 움직여야 합니다.** 제가 생각하는 답은 '열린 어린이집'에 있습니다.

기관의 교육철학과 학부모의 요구가 상충할 때

기관의 교육철학과 학부모 요구 사이에서 균형을 잡는 일도 쉽지는 않을 겁니다. 학벌 사회가 불러오는 입시 문제 앞에서는 어떤 부모도 자유로울 수 없기 때문이지요. 불안할 수밖에 없는 부모의 상황을 이해함과 동시에, 이 시기 아이들에게 진짜 필요한 것이 무엇인지를 학부모에게 이해시키려 노력해야 합니다.

그러기 위해서는 교육과정 운영에 책무성을 가지고 '아이들에게 바람직한 교육 환경'을 학부모와 공유할 필요가 있습니다. 무엇보다 놀이중심 교육에 대한 원장의 확고한 의지와 노력이 있어야 합니다. 그래야 부모를 변하게 할 수 있습니다.

반대로 아이를 이미 기관에 보내고 있는 부모들이 해당 기관을 아이 친화적으로 바꾸려면 어떤 노력이 필요할까요? 교사들과 자주 대화하며 기관 운영에 관심을 두고 기관과 협력해야 합니다. 자녀가 가정에서 보여주는 습관이나 관심, 행동방식 등을 교사와 공유해야 합니다. 부모가 효과를 느꼈던 훈육방법에 대해 이야기를 나누기도 하면서요.

개정 누리과정과 정부의 역할
|

이번 누리과정의 성공적인 안착을 위해서 정부의 지원과 제도 개선도 뒤따라야 합니다. 평가 방식의 변화가 가장 시급한 문제지요. 현장에 다양성과 자율성을 확대한 것에 발맞추는 동시에, 기관 현장 상황에 적합하게 개정해야 합니다.

그래서 교육과정 운영 지침을 **'실외 지향'**으로 제시해야 합니다. 실내 공간은 기본적으로 아이들의 움직임을 제한하고 아이들의 자유를 통제합니다. 지금까지의 실내 중심 유아교육 문화는 아이들의 특성보다는 관리의 편리성에 맞추어진 것이지요.

보육·교육환경 개선에도 집중해야 합니다. 기존에는 어린이집이나 유치원을 신축할 때 아이들을 최대한 많이 수용할 수 있는 방향을 지향했지만, 이제는 아이들이 편안하면서도 여유롭게 지낼 수 있는 충분한 실내 공간과 아이들의 바깥 놀이 공간을 최대한 확보할 수 있는 방향으로 규정을 개선해야 합니다.

작은 교실에 스무 명도 넘는 아이들이 온종일 복작거리고 있다고 생각해보세요. 발육에 당연히 문제가 생기고 움직임의 제한으로 인해 수동적인 성향을 갖게 될 수 있습니다. 요즘은 점점 더 많은 아이가 점점 더 오랜 시간을 좁은 공간에서 보내고 있지요.

기관을 방문했다가 아이들이 걱정돼서 집에 돌아와 혼자 운 적도 있습니다. 처음엔 충격이었지요. 좁고 시끄러운 공간에서 종일 아이들이 시달리고 있는 거예요. 이게 어떻게 아이들이 행복하게 자라는 공간이 될 수 있겠습니까?

—— **연령별 학급당 유아 수**

현행법은 보육교사 한 명당 아동 수를 0세 반의 경우 영아 3명, 1세 반은 영아 5명, 2세 반은 영아 7명, 3세 반은 15명, 4세 반과 5세 반은 20명으로 정하고 있다. 유치원은 각 시·도 교육청마다 연령별 학급당 유아 수 기준이 다르다. 2016년 육아정책연구소 조사에서 3세 반은 15~18명, 4세 반은 20~30명, 5세 반은 21~30명까지 허가하는 것으로 나타났다.

'교사 대 아동 비율 축소'도 중요합니다. 아무리 교육을 잘 받은 교사도 25명의 아이들을 동시에 상대할 수는 없습니다. 물리적으로 기존의 공간을 넓힐 수 없다면 한 공간 안에 있는 아이들의 수를 줄여야 합니다. 현재의 상태에서 절반 정도까지는 줄어야 제대로 된 돌봄과 놀이 중심 교육이 있을 수 있습니다.

입시를 벗어나야 아이가 행복해진다

놀이 중심 육아와 교육이 자리 잡으려면 무엇보다도 '입시 교육 문제'가 해결돼야 합니다. 우리 교육은 유치원과 어린이집부터 입시 성공을 위한 교육이 시작됩니다. **학벌 중심의 문화와 대학 서열화 문제가 해결되지 않으면 아이들은 결국 '번아웃'될 수밖에 없습니다.**

일찍부터 번아웃을 경험한 아이들이 과연 건강하고 행복한 시민으로 성장할 수 있을까요? 이런 분위기 속에서 아이들의 권리를 외치고 놀이 중심 교육을 한다 한들 아이들의 삶이 바뀔까요?

가장 중심에서 썩어들어가는 상처를 도려내지 않는데, 아이들이 건강하게 자랄 수는 없습니다. 더 미루지 말고 정부와 사회 각계가 힘을 합쳐 입시 문제 해결을 위한 근본적인 대안을 마련해야 합니다. 그러지 않으면 우리 아이들의 미래도, 건강한 미래 대한민국도 기대할 수 없을 것입니다.

_취재: 김재희 · 최규화 기자

영재검사를 빨리 해보라던데요

영재검사와 영재교육이라는 허상

#내아이가영재?
#착한아이콤플렉스
#정서지능 #감정코칭

정윤경
가톨릭대학교 심리학과 교수

아동심리 전문가. EBS 〈다큐프라임〉 등 각종 방
송 프로그램에 출연하며, 부모교육과 아동심리
에 대한 강연을 지속적으로 펼치고 있다. 저서
로 《엄마의 야무진 첫마디》 《아이를 크게 키우
는 말 VS 아프게 하는 말》 《고마워, 내 아이가
되어줘서》(이상 공저) 《IQ, EQ 육아를 부탁해》
등이 있다.

'혹시 우리 아이가 영재 아닐까?'

부모들이 흔히 하는 생각입니다. 아이가 영재가 되면 좋겠다는 바람 때문에, 또는 영재성을 발견 못하고 놓칠까 하는 걱정 때문에 영재검사와 영재교육에 관심 갖는 부모들도 많지요.

하지만 영유아기 영재검사는 큰 의미가 없습니다. **영유아기 때 실시한 지능검사 결과는 신뢰도가 떨어집니다. 같은 아이라도 오전 과 오후의 검사 결과가 다르게 나올 정도예요.** 지능검사에서 제대로 된 수치가 나오려면 아이의 지적 능력이 인정돼야 하는데, 영유아 기는 그렇지 않아요. 지능검사는 10~11세 정도 돼야 쓸모가 있습니 다. 이전 검사에서 점수가 낮게 나왔다고 낙담할 이유도 없고, 높게 나왔다고 영재라고 판단할 수도 없습니다.

—— **영재검사란 무엇인가**

유아 영재검사 검증 도구로는 '웩슬러 유아지능검사wppsi'가 있다. 미국의 심리학자 데이비드 웩슬러가 개발한 이 검사는 만 3세 6개월~만 5세 11개월까지의 미취학 아동을 대상으로 지능지수를 파악하기 위한 도구로 쓰인다. 일반적인 지적 능력 평가를 비롯해 특수교육 요구 아동의 판별 및 진단에 활용되기도 한다.

유아기 영재검사의 한계

다른 전문가들 역시 비슷하게 분석합니다. 황희숙 부경대학교 유아교육과 교수와 유지영 KAIST 과학영재교육연구원 선임연구원이 2011년 발표한 논문 〈영유아 영재 판별의 가능성 및 한계〉에서는 유아기 영재검사는 정확성과 예측성이 떨어진다고 합니다.

무엇이 문제일까요? 연구자들에 따르면, 유아기의 발달 특성상 유아들은 진단평가를 이해하는 능력, 언어적 반응과 지각-운동적 반응 능력이 떨어지고, 장기간 검사에 집중하기 어렵습니다. 따라서 이러한 표준화 검사도구들을 유아들에게 적용하면 덜 정확하고 덜 예언적일 수밖에 없습니다. 또 유아 영재들의 신체적·사회적·인지적 영역의 발달 속도와 영역이 개인에 따라 매우 다양하다는 점도 검사를 어렵게 합니다.

그렇기에 연구자들은 결론적으로 영재를 판별하기 위한 유일하고 최적의 검사도구는 없다고 단언했습니다. 시험에 대한 경험이 없고 집중 시간이 짧은 것은 물론이고, 발달이 매우 빠르고 다양하게 나타나는 유아들에게 기술적으로 적절한 내용의 검사도구를 제시하는 것 자체가 매우 힘든 일이라는 거지요.

그런데 사설 유아 영재교육기관에서 실시하는 소위 '영재 판별과 교육 프로그램'은 이런 지능검사와 창의성 검사 등의 표준화 검사에 의존해 유아의 영재성을 판별하고 있습니다.

'영재'란 어떤 아이를 말할까

영재를 정의한다면 어떤 영역이나 지적 능력이 굉장히 상위에 있는 아이를 말합니다. 그런데 그냥 IQ만 높다고 영재는 아닙니다. 영재의 정의는 영역마다 다릅니다. 어느 정도로 뛰어나야 영재라 볼 수 있을까요?

통계적으로 봤을 때는 '상위 2~3%' 정도입니다. 게다가 영재를 판별하기 위해서는 지능이나 적성 검사뿐 아니라, 심층 면접이나 캠프 활동을 통해 능력은 물론 창의성과 동기와 같은 다양한 심리적 측면을 함께 고려합니다. 우리 아이가 영재일 확률은 '정말 낮다'는 것이지요. 영재는 타고난 잠재력이 자연스럽게 나타나게 돼 있습니다. 그걸 가지고 있는 아이는 정말 희귀하지요.

영재검사를 하면 정말 아이의 수준을 알 수 있을까

평범한 아이가 학습을 통해 영재로 키워질 수 있다 해도 진정한 의미의 영재는 아닙니다. 성실한 몰입을 통해서 어느 정도 발달시킬 수 있을 뿐입니다. 지능검사는 영유아기에 큰 의미가 없지요. 서너 살 아이가 어떤 분야에서 다른 아이보다 객관적으로 뛰어나다는 것을 결정할 인자는 없습니다.

물론 가능성은 있겠지만, 영유아기에는 결과물이 잘 나오질 않습니다. 웩슬러 검사가 신뢰도 있는 검사이기는 하지만 영유아기 아이들은 그 점수가 중요하지 않습니다. 초등학교 이후 학습능력을 타당하게 보는 도구로서는 인정하지만, 이걸로 영유아기 영재를 판단하는 건 옳지 않습니다. **지능검사는 천재인지 알기 위해서 하는 게 아니라, 문제가 있는지 알기 위해서 해야 합니다.** 또 지능검사는 함부로 하지 않는 게 좋습니다. 최소한 10세는 돼야 지능을 논할 수 있거든요. 아이들은 3세까지는 감각적으로 세상을 인지합니다. 아예 생각하는 방향이 다른 거지요.

아이의 잠재력을 놓칠까 고민할 필요는 없다

아이의 영재성을 미처 발견하지 못해서 재능을 썩힐까봐 걱정하는 부모들이 많습니다. 하지만 그런 고민을 할 필요가 없습니다. **영재성은 자발적으로 발현되게 돼 있어요.** 그렇지 않으면 영재가 아닙니다. 아이와 같이 놀면서 관심을 가지고 관찰하면 아이는 자기가 흥미로워하는 걸 부모한테 전달합니다.

아이 안에서 잠재력의 문이 열리면 반드시 부모에게 사인을 보내게 돼 있습니다. 아이와 같은 방향에서 아이가 무엇을 보는지 같이 들여다보면 그 사인을 볼 수 있습니다. 하지만 부모가 관심이 없거나, 반대로 아이를 이끌고 싶은 방향이 너무 투철하고 틀에 갇혀 있으면 절대 못 봅니다.

교육으로 끌어주면 아이를 영재로 키울 수 있다는 생각도 문제가 있습니다. 영재의 잠재력을 물려받은 아이도 분명 있겠지요. 하지만 아이의 성장과 발달에는 유전적 조건뿐만 아니라 환경적 조건도 크게 작용합니다.

유전은 정해진 하나의 조건이지만, 환경은 수많은 조건으로 구성됩니다. 그중 부모가 직접 제어할 수 있는 조건이 얼마나 될까요? 그 많은 환경적 조건들을 다 제어해서 영재로 키워내겠다는 생각은 무리라고 봐야 합니다.

영재는 만들어지는가

놀이학교에서 얘가 행동은 가장 느려도 머리는 가장 빠른 것 같다고 선생님
이 얘기해주셨어요. 손톱 물어뜯고 있고 뒤로 숨어도 뛰어난 애는 알아볼 거
예요. 전 아이의 IQ가 그렇게 높을 줄 몰랐어요. 영재교육 받으라고 할 때 받
을 걸 그랬어요. 초등학교 올라가면 바로 시키려고요. 얘가 잘해야 내가 살
아요.

2016년 육아정책연구소가 발표한 연구보고서 〈영유아 사교육 실태
와 개선방안 II: 2세와 5세를 중심으로〉에 소개된 한 어머니의 인터
뷰 중 일부입니다. 보고서는 "해당 아동은 선생님에게 긍정적인 피
드백을 받은 것이 어머니의 자존감에 영향을 주면서 사교육에 더욱
집중하게 하는 원인이 되었다"고 분석했지요. 이처럼 사교육을 시
키는 이유가 아이가 원해서라기보다는 부모의 불안, 성취 욕구 때
문인 경우가 많습니다.

—— 취학 전 사교육 실태

해당 연구보고서에 따르면, 아동의 75.7%가 취학 전 사교육을
시작한 것으로 나타났다. 사교육 종류는 영어와 운동이 가장 많
았고 악기, 창의성, 학습지, 수학, 미술 등의 순이었다.

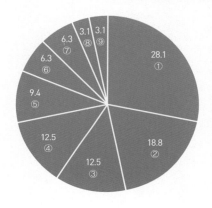

자녀의 사교육에 대한 부모의 동기(단위 : %)

① 열등감, 불안감에 따른 보상심리
② 성취욕구
③ 자녀의 성취를 통한 대리만족
④ 맞벌이에 대한 죄책감
⑤ 과잉 기대
⑥ 자녀가 인정받기를 바라는 마음
⑦ 부모의 무기력으로 인한 사교육 의존
⑧ 타인과의 비교
⑨ 자녀의 강점을 살려주기 위해

부모가 취학 전 자녀에게 사교육을 시키는 이유는 열등감, 불안감에 대한 보상심리, 강한 성취 욕구, 자녀 성취를 통한 대리만족, 맞벌이에 대한 죄책감, 자녀에 대한 과잉 기대감 순으로 조사됐다.

사교육을 통해 아이를 '영재'로 만들 수 있을까

영재는 자기가 뛰어난 분야에 대해서는 부모가 아무리 막아도 스스로 하게 됩니다. 그러니 아이를 영재로 '키우기' 위해 그렇게 애를 쓸 필요가 없지요. 하지만 부모들은 '영재'에 대한 환상과 기대를 갖고 있습니다. 그런 환상과 기대는 정부의 교육정책에 영향을 받기도 하고, 또 영향을 주기도 하지요.

—— 영재학교를 반대하다

2014년 11월 사교육걱정없는세상은 교육부가 입법을 예고한 '영재교육진흥법 시행령 개정안'을 두고 강한 유감을 표한 바 있다. 개정안의 골자는 유치원, 초·중학교 과정의 학교도 영재학교로 지정·설립할 수 있도록 하는 것이었다.

입법예고 당시 사교육걱정없는세상은 "영재학교를 유치원, 초등학교, 중학교까지 확대하는 것은 과도한 선행학습을 초래하며, 나아가 영유아 단계부터 입시고통과 서열화로 우리 아이들을 고통스럽게 하는 법이 될 것"이라고 우려를 표했다.

그런데 영재는 한 분야만 특별하기 때문에, 불행하게도 사회적 낙오자가 되기가 더 쉽습니다. 특히 그 능력을 부모가 키워준 것이라면 더 위험하지요. 못해도 자기가 한 것, 잘해도 자기가 한 것이 중요합니다. **많은 부모들이 아이의 영재성을 놓칠까 봐 걱정하지만, 영재라는 바보로 키우기보다는 차라리 방치하는 게 낫습니다.**

사실 부모 입장에서는 아이에게 해주고 싶은 걸 해주는 것보다 해주고 싶은 걸 참는 것이 더 어려운 일이에요. 영유아에게 조기교육은 필요 없습니다. 발달적으로 준비된 것만 가르치면 됩니다. 영재라는 개념 자체가 건강한 개념이 아닙니다. 영유아 자녀가 영재성을 보이는 것 같다면, 오히려 의심하고 걱정해야 합니다.

우리나라와 서양 영재교육의 차이

현재 우리나라 영재교육은 바람직한 방향과는 완전히 반대로 가고 있습니다. 사람을 키우는 게 아니라, 아주 전문적인 영역을 가진 인공지능을 키우거든요. 진짜 영재교육은 핵심 영역만 극대화하는 게 아닙니다. 우리 아이가 핵심 영역의 재능을 타고났다고 생각된다면, 아이 스스로 계속 재밌게 발달시킬 수 있도록 내버려두면 됩니다. 영유아기에는 교육이 머리에 쌓이면 안 되고 몸에 쌓여야 하기 때문입니다.

서양의 영재교육은 한 가지 핵심 영역에만 투자하지 않습니다. 대신 인간이 지녀야 할 기본적 교양을 모두 가르칩니다. 한 사람의 인간으로 살아가는 데 필요한 지능이 있어요. 그중 현대사회에 필요한 새로운 지능이 바로 '친사회적 유능성'입니다. **지능에 대한 개념이 바뀌어야 합니다. 지능은 '적응력'이라고 말이에요.**

예를 들어 피아노 영재라고 해도 피아노만 잘 치는 게 아니라, 친구도 잘 사귀고 자기 그릇도 잘 키워야 합니다. 다른 것은 아무것도 하지 못하게 막고 아이한테 피아노만 치게 하는 건 영재교육이 아니에요. 다시 한번 말하지만, 진짜 영재라면 부모가 말려도 스스로 자기가 원하는 것을 하게 되어 있습니다.

영재 교육의 부작용

|

'착한 아이 콤플렉스' 혹시 들어보셨나요? 타인에게 착한 사람으로 남기 위해 욕구나 소망을 억압하면서 지나치게 노력하는 것을 의미합니다. 부모가 시키는 대로 열심히 잘 하는 아이일수록 '착한 아이 콤플렉스'를 의심해봐야 하지요.

—— 조기교육과 아동의 정서 문제

한림대학교 소아청소년정신과 홍현주 교수는 〈사교육과 아동 정신건강의 연관성 연구〉(2011)에서 조기교육은 아이의 정서에 매우 해롭다고 강조했다. 논문에는 하루 4시간 이하로 사교육을 받은 아이 가운데 10% 정도만이 우울 증상을 보인 반면, 4시간을 초과해 사교육을 받는 경우 우울 증상을 보이는 아동이 30%를 넘어섰다는 연구 결과가 담겨 있었다.

2016년 육아정책연구소가 발표한 연구보고서 〈영유아 사교육 실태와 개선방안 II: 2세와 5세를 중심으로〉의 분석 역시 비슷하다. 이 보고서는 조기사교육에 집중하면 아동의 정서·사회성 발달이 더뎌지고, 또래 관계를 맺을 때 '외현화 행동 문제'가 생긴다고 지적했다. 외현화 행동 문제란 공격, 과잉 행동, 짜증 및 비행과 같이 밖으로 드러나는 행동상의 문제를 의미한다.

아이의 인생 최대의 목표는 부모의 사랑을 받는 것입니다. 부모가 "말 잘 들어서 예쁘다", "이거 잘 외워서 예쁘다" 등의 말은 삼가야 합니다. 아이가 부모의 사랑을 받기 위해 왜곡된 행동을 할 가능성이 있기 때문이지요. **부모가 아이를 잘 키우는 방법은 기대를 낮추는 것입니다.** 밥 잘 먹고 내 옆에서 행복하게 지내는 것만으로 좋다는 마음만 가진다면 부모-자녀 관계가 자연스럽게 좋아지지요. 그러면 모든 것이 좋아질 수밖에 없습니다.

사교육이 아이의 심리에 미치는 영향

영유아 사교육은 '영유아 번아웃', '영유아 우울증'에 걸리는 지름길입니다. 아이들은 마음의 병이 몸의 병으로 나타납니다. 스스로 재밌는 걸 찾지 못하고 그저 엄마가 보내는 학원 등에만 익숙해지다 보면 부적응이나 무능력한 모습을 보이게 되고, 심해지면 우울증에 걸릴 수 있습니다.

유아는 구구단을 어른처럼 외우지 못하지만 억지로 시키면 또 해냅니다. 그래서 문제입니다. 아직 유아의 뇌에서 학습할 단계가 아닌데, 부모가 강제로 시킬 수 있으니까요. 그러면 뇌의 발달에 문제가 생길 수도 있습니다. 나이에 맞게 영양제 먹이고 보약 먹이는 것처럼, 뇌의 발달에 따라 알맞은 수준의 내용을 가르쳐야 합니다.

아이들은 자기가 어떤 감정을 숨기는지도 잘 모릅니다. 무의식적인 억압에 놓이지요. 숙제 잘하고 공부한 내용을 잘 외웠을 때 "착하다"는 말을 듣게 되면, 자기가 뭘 잘하고 원하는지 따져보려 하지도 않게 됩니다. **아이가 이것저것 엄마가 시키는 대로 열심히 잘 한다면, 좋아하지 말고 오히려 아이의 심리를 의심해봐야 합니다.**

부모가 단단해야 아이가 단단해진다

아이가 심리적으로 불안해하지 않게 부모는 무엇을 해야 할까요? 결국 엄마 아빠가 자신의 생각의 그릇을 키워야 합니다. 행복하게 산다는 건 뭘까, 여기서부터 논의가 시작돼야 합니다. 우리 아이가 영재일까 아닐까, 교육으로 영재를 키울 수 있을까 없을까, 그런 게 중요한 게 아니에요. "더 못 해줘서 미안해"라는 마음을 버리고, 중심을 잡고 용기 있게 아이를 키워야 합니다.

좋은 부모가 돼야 하는 건 당연합니다. 그렇지만 아이의 운명을 좌지우지하는 부모가 돼야 하는 건 아닙니다. 그렇게 하고 싶다고 해서 할 수 있는 것도 아니고요. 미래 사회에 필요한 능력을 우리는 절대 알 수가 없습니다. 아이가 스스로 부딪혀보고 찾는 능력을 대신 키워줘야 합니다. 부모는 그럴 수 있는 마음의 힘을 주면 됩니다. **사랑받을 수 있다는 확신을 가진 아이가 성공합니다.** 아이가 좋은 동료, 좋은 선생님을 만날 수 있도록 사랑받는 사람으로 키우세요. 좋은 부모는 돈 많아서 사교육 많이 시켜주는 부모가 아니에요. 올바른 가치를 주는 부모지요. 그런 부모를 만난 아이가 부모 잘 만난 아이입니다.

영유아에게 꼭 필요한 정서지능

영유아기에는 무엇보다 '정서지능'을 가르쳐야 합니다. 영유아기는 정서지능을 가르칠 적기로, 만 3~5세가 정서지능이 꽃피는 시기입니다.

정서지능은 미국의 심리학자 존 메이어J. Mayer와 피터 셀로베이 P. Salovey가 1990년 처음 제시한 개념입니다. 이들은 정서지능을 "자신의 감정들과 다른 사람들의 감정들을 점검하는 능력, 구별하는 능력, 그리고 이러한 정보를 이용해 자신의 사고와 행동을 이끄는 능력"이라고 정의했습니다. 다시 말해 사람의 마음에서 일어나는 여러 가지 감정을 잘 이해하고 서로 교감하는 능력을 말하지요.

쉽게 말하면 감정의 에너지를 포착하는 능력입니다. 아기들은 생후 3~4개월만 돼도 웃을 수 있고 슬픔이나 분노를 표현할 수 있어요. 그뿐만 아니라 엄마의 얼굴부터 시작해서 다른 사람들의 정서를 인식하기 시작하지요. 아기들은 엄마의 웃는 얼굴이나 다른 사람들의 웃는 얼굴을 가장 좋아하는데, 이것은 어린아이도 다양한 정서적 표현을 변별할 수 있다는 것을 증명합니다.

정서지능은 인간을 동기화시킵니다. 에너지는 강하다고 좋은 것도 아니고, 약하다고 좋은 것도 아닙니다. 에너지는 잘 써야 좋은 거지요. **감정의 에너지를 잘 느끼고 유능하게 잘 쓰는 능력이 정서지능이라고도 할 수 있습니다.**

살아 움직이는 모든 것에는 정서지능이 있습니다. 슬퍼서 눈물이 나고, 좋으니까 웃고, 이런 것들도 다 정서지능이죠. 또 예를 들어 내가 옆 사람에게 화가 났지만 그 사람에게서 얻어야 할 것이 있다면 나는 화를 내지 않습니다. 오히려 웃어야 할 수도 있어요. 이런 것도 정서지능입니다. 마음을 다스리는 것이라고 볼 수 있지요.

아이들에게 정서지능을 가르치려면

정서지능은 아이가 자신의 속마음을 솔직하게 드러낼 수 있는 사람만이 가르칠 수 있습니다. 아이들도 언제나 자기 정서를 다 드러내지는 않습니다. 그런데 그런 자신의 본모습을 드러낼 수 있는 사람이 있다면, 그 사람에게서 정서지능을 교육받을 수 있습니다. 아이에게 그런 사람은 바로 부모지요.

아이에게 정서지능을 가르치려면, 먼저 아이의 정서가 자연스럽다는 사실을 인정해야 합니다. 좋은 정서는 물론, 나쁜 정서 역시 너무나 자연스러운 것이라고 인정해야 합니다. 또한 부모 자신은 자기 정서를 빨리 다스릴 줄 알아야 합니다. 그래야 아이가 부모한테 모든 감정을 솔직하게 표현할 수 있습니다.

정서지능을 유아기 때 배워야 하는 이유를 분석한 논문도 있습니다. 〈유아의 정서지능 발달을 위한 부모양육태도에 관한 연구〉(건국대학교 행정대학원 사회복지학과 정윤경, 2017)는 성인도 정서지능을 학습할 수 있지만, 유아기의 경험이 특히 결정적이라고 강조했습니다.

유아들은 마치 스펀지와 같이 좋은 것이든 나쁜 것이든 예외 없이 모두 흡수하는 경향이 있기 때문이지요. 그렇기에 **생후 3~4세는 정서적인 학습이 가장 빨리 이뤄지는 시기이고, 이것이 이후 정서발달의 토대가 된다고 합니다.**

자녀의 자기효능감을 키우는 '감정코칭'

또 논문은 정서지능을 교육하기 위한 방법으로 '감정코칭'의 중요성을 언급합니다. 부모가 자녀의 감정, 특히 부정적인 감정을 수용하고 이를 소화할 수 있도록 돕는 정서조절 코치 역할을 해야 한다는 거지요. 올바른 감정코칭은 자녀가 자신의 정서적 경험을 신뢰하고 자아존중감과 자기효능감을 키울 수 있게 합니다.

자녀 교육에 극성스럽게 관심을 쏟는 부모를 '헬리콥터 부모'라고 하지요? 항상 자녀의 머리 위를 맴돌면서 모든 것을 직접 관리하려는 부모입니다. 하지만 바람직한 부모의 역할은 '코치'입니다.

코치는 평소에 선수와 함께 뛰고 훈련하면서 같이 땀 흘리며 경기를 준비하지만, 출전하지는 않습니다. 결국 경기에 나서는 건 코치가 아닌 선수입니다. 부모는 직접 무대에 올라가려 하지 말고, 무대 위에서 아이가 스스로 잘할 수 있게 도와주는 코치가 돼야 합니다.

가장 강력한 무기는 경험을 통한 상상력과 창의력

영유아기에는 한글과 숫자를 배우고 영재검사를 받는 것보다 경험이 더 중요합니다. 아이가 살아갈 세상에서 가장 힘센 무기는 '상상력'과 '창의력'이 될 것이기 때문입니다.

우리 아이에게 앞으로의 세상에서 정말 필요한 능력을 키워주고 싶다면, 결국 상상력과 창의력을 키워줘야 합니다. 상상력과 창의력은 하늘에서 뚝 떨어지지 않습니다. 훈련을 통해서 나오지요. 상상력과 창의력을 키우려면 정말 많이 경험해야 합니다. 무언가 상상하고 창조하려면 재료가 있어야 하기 때문입니다.

책도 많이 읽고, 영화도 보고, 여행도 다니고, 다양한 자연과 공감도 하세요. 아이들은 어른보다 더 예민해서 꽃 한 송이를 가지고도 하루 종일 놀 수 있어요. 경험이 많아지면 상상력과 창의력은 저절로 생깁니다. 교육은 유아기에 끝나는 게 아닙니다. 아이가 어떤 사람으로 성장하는지가 언제나 제일 중요합니다. 길게 보세요. 부모가 하나하나 계획해서 시키는 게 아니라, 아이가 원하는 걸 발견해서 지원하는 게 중요합니다.

_취재: 이중삼 · 최규화 기자

오해
11

스마트 기기에 빨리
익숙해져야 하지 않을까요

영유아 부모가 꼭 알아야 할 뇌 발달 육아법

#뇌의발달단계
#영재의기준 #덕후 #창의력

김영훈
가톨릭대학교 의과대학 의정부성모병원
소아청소년과 교수

소아청소년과와 소아신경과 전문의. 한국두뇌교육학회 회장, 대한소아청소년과학회 발달위원장, 한국발달장애치료교육학회 부회장으로 재직 중이다. 현재까지 500여 편의 SCI 논문을 비롯해 100여 편의 논문을 국내·외 의학학술지에 발표했고, MBC 〈뇌를 깨우는 101가지 비밀〉, SBS 〈영재발굴단〉, EBS 〈60분 부모〉 등의 방송 프로그램에서 자문을 맡아왔다.

"유아기 때 두뇌의 90%가 완성. 지금부터 1%의 두뇌를 만드는 방법은?"

한 유아교육 박람회 현장에서 실제로 쓰인 영유아 학습지 홍보 문구입니다. 이렇게 '결정적 시기'를 운운하며 영유아 사교육 상품을 홍보하는 경우는 우리 주변에서 흔히 보입니다.

사교육 시장에서는 조기교육을 해야 하는 이유로 "3세 이전에 사람의 뇌 80%가 완성된다", "학습에는 결정적 시기가 있다", "사람은 평생 동안 뇌의 10%만 사용한다", "좌뇌형–우뇌형 두뇌가 따로 있다" 등을 꼽지요. 이런 이야기들은 어디까지 사실이고 어디부터 거짓일까요?

기초발달과 경험발달을 구분하라

확실한 점은 "3세 이전에 사람의 뇌 80%가 완성된다"는 식의 가설은 상업적 호도에 지나지 않는다는 겁니다. 뇌 발달에는 2가지가 있다는 것을 몰라서 하는 말이지요. "경험기대적(기초) 발달은 생후 36개월이라는 시기를 놓치지 말아야 한다"는 말을 경험의존적(경험) 발달에 잘못 적용한 겁니다.

경험기대적 발달과 경험의존적 발달, 말이 좀 어렵지요? **경험기대적 발달은 시각, 청각, 모국어, 정서 등 기초발달로, 생후 36개월이라는 시기를 놓치지 않고 한꺼번에 발달시키는 게 중요합니다.** 그런데 기초발달은 열 배, 스무 배 더 큰 자극을 준다고 해서 그만큼의 효율이 나오지 않습니다. 단지 시기를 놓치면 문제가 될 뿐이지요.

반면 **경험의존적 발달인 학습, 독서, 외국어 등은 시기가 따로 없습니다.** 경험의존적 발달인 독서나 영어까지 36개월 안에 반드시 시작해야 한다는 말은 상업적인 이유로 본래의 의미를 호도하는 것입니다. 처음으로 노출되는 시기보다, 노출되는 시간의 길이가 더 중요하거든요.

그리고 모국어에 최소한 5,000시간 이상 노출된 후 모국어로 만들어진 센스나 시냅스, 사고력을 가지고 외국어를 학습하는 게 효율적입니다.

이 발달 구분을 무시하고 외국어 조기교육을 시키면 어떻게 될까요? 그만큼 모국어에 노출되는 시간이 줄어 기초발달의 시기를 놓치는 경우가 생깁니다. 정글에서 늑대와 함께 자란 늑대소년 이야기를 아시나요? 늑대소년이 나중에 인간 사회에 나와서 6세 때부터 8년 동안 모국어를 가르쳤는데 배우지 못했어요. 36개월 안에 모국어를 배울 시기를 놓쳤기 때문입니다.

놓치면 안 되는 기초발달 시기

경험기대적(기초) 발달에 있어서는 "생후 36개월 안에 거의 완성된다"는 말이 맞는 말입니다. 시각, 청각, 모국어, 정서 등은 자극을 받아야 할 시기에 받지 않으면 그만큼 능력이 떨어져나갑니다. 또, 하나에만 집중하면 다른 것을 놓칠 수 있어요. 그런 바보짓은 하지 말아야 합니다.

기초발달은 부모의 표정을 보고, 듣고, 자연을 접하면서 충분히 만들어져요. 특히 생후 24개월까지는 부모와의 접촉 교육이 중요합니다. 다만 부모와 함께 놀이하는 정도의 교육이면 적절합니다. 과잉자극은 아무 효과가 없어요.

아이의 발달 단계에 맞는 학습을 하라

|

사교육을 시키는 부모들은 자신의 교육적 관점보다 주위 학부모들의 시선과 환경에 따라 사교육 정도를 판단할 때가 많습니다. '옆집 아이'와 끊임없이 비교하면서 사교육을 언제부터 어떻게 시켜야 할지 고민하는 거지요. 그리고 '뇌과학'으로 포장된 가설들이 사교육 시장의 홍보논리로 널리 퍼지며, 이런 부모들의 불안을 부추기고 있습니다.

저는 저의 이전 책에서 "상업적 영리를 목적으로 하는 사교육이 뇌 과학적 지식을 왜곡할 때 부모가 사교육에 휘둘리는 일이 벌어진다"고 지적한 바 있습니다.

영유아에게 글자 교육 같은 사교육을 시키는 이유는 뇌의 발달 방향을 잘 모르기 때문입니다. 뇌는 '아래에서 위로', '안에서 밖으로', 그리고 '뒤에서 앞으로' 발달해요. **단계별로 발달하기 때문에 하나의 단계가 충족돼야 다음 발달로 이어질 수 있습니다.**

뇌는 1층 '본능의 뇌', 2층 '정서의 뇌', 3층 '이성의 뇌'로 구성됩니다. 1층부터 차례로 올라가면서 발달하지요. 제일 먼저 충족해줘야 할 것은 본능의 뇌입니다. 1차적으로 편안한 상황, 생리적 안정을 만들어주는 것이 중요해요. 그것이 바탕이 돼야 2차적으로 정서의 뇌, 이성의 뇌가 발달할 수 있습니다.

사교육걱정없는세상과 유은혜 국회의원실은 2014년 서울·경기 지역 유치원 및 초중고 학부모 7,628명을 대상으로 '조기영어교육 인식 및 현황 실태조사'를 실시했다.

조사 결과 만 5세 유아의 일주일간 총 사교육 시간은 "1~3시간"이 31.0%로 가장 많았고, "3~5시간"이 17.9%, "7시간 이상"이 15.3% 순이었다.

만 5세 유아의 학부모들은 이 같은 사교육 정도에 대해 "적절한 편"이라고 생각하는 경우가 65.9%로 가장 많았고, "다소 부족한 편"이라는 응답도 30.1%를 차지했다. 반면 "다소 지나친 편"이라고 응답한 학부모는 4.0%에 불과해, 자녀의 사교육 정도가 과도하다고 생각하는 학부모는 아주 적었다.

사교육 정도가 부족하다고 생각하는 이유로는 "남들에 비해서 조금 시키고 있기 때문에"라는 응답이 73.6%로 월등히 높았다. "실력이 향상되는 것 같지 않아서"는 9.4%, "초등학교 선행이 되지 않아서"는 8.1%, "불안함 때문에"는 7.8%로 조사됐다.

뇌 발달 단계가 충족되지 못할 때 생기는 일

그런데 때로 이런 뇌 발달 단계가 충족되지 못할 때가 있습니다. 먼저, 본능의 뇌가 발달하려면 아이에게 집이 안전하게 쉴 수 있는 곳이어야 합니다. 그런데 영유아 때부터 사교육을 하면서 부모가 선생님처럼 행동하면 집이 편안하지가 않고 정서적으로 안전하지도 않아요. 그럼 1차적으로 문제가 생기죠.

또 조기교육은 아이에게 스트레스를 주고 정서의 뇌, 특히 긍정성과 자기조절력에 부정적인 영향을 줍니다. 정서의 뇌가 제대로 발달하지 못하면 이성의 뇌도 제 기능을 하지 못합니다. 그럼 공부를 잘할 수 없지요. 시각, 청각, 모국어 등 기초발달을 시켜야 하는 시기에 학습을 시키면 오히려 뇌 발달을 망치게 됩니다.

아이의 발달 단계에 맞는 학습은 무엇일까

영아 때 제일 먼저 신경써줘야 하는 것은 시각 발달입니다. 그림책도 그림만 보는 것부터 시작해서, 나중에는 소리에서 문자를 추리하고 단어를 연결하는 식으로 모국어 능력을 늘려가지요. 시각 다음에 발달되는 측두엽은 언어발달과 관계가 있고, 학습은 그다음 단계인 전두엽 발달과 관련이 있습니다.

그런데 다른 발달이 이뤄지기 전에 학습부터 시작하면 발달 단계가 헝클어져요. **생후 24개월까지는 오감 자극과 기초발달, 정서교육이 중심이 돼야 합니다.** 생후 25개월에서 48개월 사이는 좌·우뇌가 통합되고 뇌량腦梁(좌우 대뇌 반구를 연결하는 신경 섬유 다발이 반구 사이의 세로 틈새 깊은 곳에 활 모양으로 밀집돼 있는 것. 뇌들보)이 성숙해 통합적으로 볼 수 있는 시기입니다.

이때 자연을 많이 체험해보는 교육이 필요합니다. 예를 들면 이때 아이는 스티로폼 바위와 진짜 바위를 구별할 수 있고, 선글라스를 끼고 구름을 보면 선글라스 색깔 때문에 구름이 파랗게 보인다는 것도 알아요.

엄마가 거짓말하는 것도 알죠. 엄마의 말은 좌뇌에서, 엄마의 표정은 우뇌에서 받아들이는데, 좌·우뇌가 통합적으로 볼 수 있으니까 "어? 말과 표정이 다르네? 거짓말하는구나!" 하고 아는 겁니다. 이때 창의성을 키운다고 스마트기기 등으로 왜곡된 영상을 보여주기보다는 실제 곤충 등 사실적인 대상을 많이 봐야 합니다. 그 시기가 지나고 만 5~6세가 되면 생각하고 판단하는 능력을 중심으로 교육이 이루어져야 하고요.

과도한 사교육의 문제점

4~7세 아이에게 과도한 사교육을 하면 그 시기에 발달해야 하는 전두엽이 제대로 발달하지 못합니다. 전두엽이 발달하기 위해서는 이 시기에 학습 대신 창의력을 길러주고 동기를 유발하는 교육이 중심이 되어야 하지요. 전두엽의 발달이 미숙하면 주의 집중력이 저하되고 동기가 결여되며 ADHD(주의력 결핍 및 과잉 행동 장애)가 생길

수도 있습니다. 다른 전문가들도 조기교육을 탐탁지 않게 보기는 마찬가지입니다.

—— 조기교육이 영유아의 정신건강에 끼치는 부정적 영향

사교육걱정없는세상은 2015년 10명의 소아정신건강의학과 전문의들을 대상으로 조기인지교육이 영유아 정신건강에 미치는 영향을 조사했다. 그 결과 **전문의의 80%가 조기교육이 영유아 정신건강에 "부정적 영향이 더 크다"고 응답했다.** 그 이유로는 70%가 "학업 스트레스"를 꼽았고, "낮은 학습효과"가 60%, "창의력 저하", "학습에서의 자율성 저하"도 각각 50%로 그 뒤를 이었다.

또 설문에 응한 전문의의 70%는 조기 영어교육이 영유아 정신건강에 부정적인 영향을 더 크게 미친다고 생각했다. 그 이유로는 "낮은 영어학습 효과"가 60%, "정서 발달에 부정적"이 50%로 조사되었다. 학습 효율성과 발달 적합성 모든 측면에서 부정적인 판단을 하고 있었던 것이다. 특히 조기 영어교육의 유형 중 영유아 발달에 적합하지 않은 교육 형태로는 "유아 대상 영어학원"을 가장 많이(60%) 꼽았다.

조기 영어교육으로 망가지는 아이들

어릴 적부터 영어교육을 시키는 부모가 정말 많습니다. 하지만 조기 영어교육 경험에 따라 유아의 스트레스와 문제 행동이 두드러진다는 연구결과도 있지요. 뇌 발달에 맞지 않는 교육은 항상 문제를 일으킵니다.

부모의 불안에서 비롯된 조기조육과 디지털 미디어는 문제 행동의 가장 큰 이유입니다. 그래서 소아정신건강의학과를 찾는 아이들도 많습니다. 대표적 사례는 언어 지연입니다. 영어학원에 다니면서 스트레스를 받아 틱 장애나 두통, 복통 등을 호소하는 사례도 많습니다.

—— 조기교육의 부작용

〈조기 영어교육 경험에 따른 유아의 한국어 어휘력, 실행기능, 스트레스 및 문제행동의 차이〉(김형재, 2011)에는 유아 대상 영어학원에 다니는 유아와 시간제 영어학원에서 방과 후 영어 수업을 듣는 5·7세 유아 총 100명을 대상으로 조사한 결과가 담겨 있다.

논문에 따르면 5·7세 아동의 일상적 스트레스는 유아 대상 영어학원에 다니는 유아가 더 높았다. "비난·공격 상황에 처함", "불안·좌절감 경험", "자존감 상함" 등 모든 영역에서 유아 대상 영어학원에 다니는 유아의 비율이 높았고, 특히 좌절감 경험에서 그 차이가 두드러졌다. 문제행동 역시 유아 대상 영어학원에 다니는 유아의 비율이 높았으며, 내재화 문제(불안,우울 등 자기 내적인 문제)에 있어 그 차이가 두드러졌다.

논문은 많은 연구자 및 소아정신건강의학과 의사들●을 인용한다. 그들의 주장에 따르면 <u>발달적·교육적으로 부적합한 조기교육은 유아에게 스트레스를 주어 심각한 정서 및 행동장애를 일으킬 수 있다.</u>

나아가 유아들이 강제적인 교육에 익숙해졌을 때의 위험성도 경고했다. 매사에 흥미를 잃거나 자신감이 없어지고 두려움이 생기며, 정서적으로 불안해지고 심각한 경우에는 정신적인 질병까지도 생길 수 있다●●는 것이다.

● 　신의진. 〈조기교육과 발달 병리적 문제. 한국 조기교육의 현황과 과제〉. 《한국 아동학회 춘계학술대회 자료집》 29−42, 2002; 신의진. 〈과잉 조기 학습이 유아의 정신적 발달에 미치는 영향〉. 《학교운영위원회》 27: 110−115, 2002; 우남희·현은자·이종희. 〈사설학원과 가정 중심의 조기교육 실태연구〉. 《유아교육연구》 13(1): 49−64, 1993; 이기숙·장영희·정미라·홍용희. 〈창의적이고 전인적인 인적자원 양성을 위한 유아교육의 혁신〉. 《유아교육정책과제》 2001-24, 서울:교육인적자원부, 2001; 정동화. 〈아동의 스트레스 요인에 관한 일 연구〉. 《고려대학교 교육문제연구》 17: 135−153, 2002; Brenckman W, James ML. Academic stress in kindergarten children. ED310865, 1987

●● 　우남희. 〈아동의 권리와 한국의 조기교육〉. 《아동권리연구》 8(2): 189−207, 2004

내 아이를 영재로 만들 수 있을까

5개 국어를 능통하게 구사하는 외국어 영재, 암기를 잘하는 암기 영재 등 TV를 통해 특정 분야에 두각을 나타내는 어린아이들을 보면서 부모는 '우리 아이도 혹시 영재는 아닐까?' 하고 생각하는 경우가 많습니다. 그러면서 우리 아이의 '영재성'을 발견하지 못하고 그냥 지나친 건 아닌지 불안감을 느끼지요.

하지만 유아기 영재는 영재 포텐셜(잠재력)이 있다는 의미일 뿐입니다. 예전에는 IQ가 보통사람보다 높은 것을 영재라고 말했다면 지금은 어느 분야에 대해 탁월한 능력과 창의력이 있고 과제집착력이 있으면 영재라고 하지요.

이전 책에서 지능검사 창시자인 루이스 터먼Lewis Terman이 실시한 지능지수와 성공의 상관관계에 대한 종단연구 결과를 언급한 적이 있습니다. 그 연구에 따르면 소위 영재들보다는 오히려 중간 정도 지능을 가졌다고 판정받은 아이 중에서 노벨상 수상자가 나왔어요. 높은 IQ보다 창의성을 지닌 아이가 탁월한 성과를 이루고 인류에 공헌한 것입니다.

지속적 창의력이 영재를 만든다

일시적 창의력은 영재의 조건이 아닙니다. 지속적 창의력이 영재를 만들지요. 영재가 되려면 그 분야에 노출되는 절대적인 시간의 양이 필요합니다. 그렇다면 무조건 일찍 시작해야 좋을까요? 세계적인 예술가들이 언제 예술을 시작했는지 연구한 적이 있습니다. 유아 때 시작한 경우가 많을 거라고 가설을 세웠는데, 조사를 해보니 초등학교 때 시작한 경우가 더 많았습니다.

한 분야에 전문성을 가지려면 최소 1만 시간 이상의 '신중한' 노출이 필요합니다. 유아 때 일시적인 영재성을 발하는 경우도 있지만, 대개 유아 때는 자기주도성이 없어서 1만 시간 이상 노출될 확률이 떨어집니다.

영재는 '덕후(한 분야에 열중하는 사람을 뜻하는 일본어 '오타쿠'의 한국식 표현)'나 '고수'가 되는 것에서 비롯됩니다. 단순히 아이가 어떤 분야에 대해서 많이 알고 어른보다 지식이 많다고 해서 영재라고 부를 수는 없어요. '덕후'가 되면서 생긴 지식이 중요한 게 아니니까요. 덕후가 될 수 있는 잠재력이 영재성으로 이어지는 거죠. 유아 때는 그런 잠재력을 키우는 시기라고 생각하시면 됩니다.

아이의 영재성을 어떻게 찾아줄 수 있을까

아이는 3~4세 때 뇌가 통합되고 그때부터 잘하는 게 나타나기 시작합니다. 어떤 아이는 글자에, 어떤 아이는 그림이나 특정 동물에 관심을 가집니다. 무언가를 선호할 때 그것에 자발적으로 노출되는 것이 좋습니다.

5~6세가 되면 선호도가 명확해지고 강점이 생깁니다. 이때는 그

림을 좋아하는 아이에게 그림 수업을 받게 해주거나, 음악을 잘하는 아이는 음악을 들려주는 등 제대로 정확히 배울 수 있게 해줘야 해요. 어느 분야에 소질이 있는지 알아보겠다고 마구잡이로 5~6가지씩 시키는 것은 절대 바람직하지 않습니다.

그리고 '1만 시간의 법칙'이란 말이 있죠? **한 분야에 세계적인 전문가가 되려면 1만 시간 동안 거기에 노출돼야 한다는 건데, 이때 그냥 노출만 되는 것이 아니라 '신중한' 1만 시간의 연습이 필요합니다.** 여기서 중요한 것이 자기주도성입니다. 아이는 스스로 좋아해야 1만 시간 이상 그 분야에 노출될 수 있어요.

아이를 5~6가지 분야에 모두 1만 시간 이상 노출시키기란 불가능합니다. 1~2가지 잘하는 것을 스스로 좋아서 할 수 있게 도와주는 것, 그게 유아기에 부모가 해줘야 하는 일입니다. 사교육은 지식을 집어넣는 교육입니다. 유아기에 그런 교육은 안 됩니다. 교육방식이 달라져야 합니다. 아이의 강점을 찾고 자기주도성을 키워주면 '덕후'나 고수가 될 수 있어요. 이것저것 고만고만하게 할 줄 아는 아이를 만들어선 안 됩니다.

육아정책연구소의 〈아동의 창의성 증진을 위한 양육 환경과 뇌 발달 연구〉(2016)에 따르면 5세 아이의 78.4%가 사교육을 최소 한 가지 이상 받고 있다고 합니다. 물론 사교육을 무조건 나쁘다고 할 수는 없겠지요. 문제는 사교육을 할수록 아이들의 창의력이 떨어진다는 사실입니다. 같은 보고서에 사교육을 일주일에 한 번 받을 때

마다 창의성 점수가 0.563점씩 감소한다는 연구 결과도 있을 정도
니까요.

4차산업혁명 시대의 인재를 만드는 법

미래는 '창의융합형 인재'가 주도할 겁니다. 지금까지 필요했던 인재가 '지식 노동자'였다면 앞으로 필요한 인재는 '창의적인 노동자'입니다. 기존의 지식을 가지고 주어진 문제를 해결하는 데 그치지 않고 해결해야 할 문제를 발견하며 그 문제를 해결할 수 있게 창의력을 발휘하는 것이지요.

문어발식 경험보다는 한 가지에 집중하라

아이들은 대개 꿈이 있어요. 또 그 꿈이 계속 바뀝니다. 공룡에 빠진 아이가 있다고 해봅시다. 그러면 그 아이는 공룡에 대한 책을 많이 읽고 영상도 찾아보고 열심히 알아보겠지요. 아이는 이걸 학습이라고 생각하지 않습니다. 즐거운 놀이지요. 이 즐거움이 아이가 '덕후'가 되도록 만들어주는 거예요.

그런데 아이의 관심이 영영 공룡에만 머물러 있지 않습니다. 공룡에 대해서 어느 정도 파악하면 관심사가 로봇으로 넘어갈 수도

있습니다. 이 아이는 한 분야의 '덕후'가 돼서 즐겁게 스스로 공부하고 탐구해본 경험이 있잖아요. 그런 경험을 가지고 다른 영역으로 넘어가면 그 분야 역시 더 빨리 습득합니다.

부모들은 이것도 시켜야 하고 저것도 시켜야 한다고 생각하잖아요? 뭘 잘할지 모르니까 일단 여러 가지 시켜보려 하면 주입식 교육이 될 수밖에 없습니다. 하나에 깊이 빠져볼 수 있도록 하지 않으면 다 '젬병'이에요. 그런 아이는 '덕후'나 고수가 될 수 없고, 4차산업혁명 시대에 적합한 인재가 될 수 없어요.

4차산업혁명 시대에 필요한 창의성을 키우는 법

그렇다면 창의력은 어떻게 키워줘야 할까요? 먼저 그림책을 읽어야 합니다. 그림책을 통해 마음으로 감동하고, 맥락을 느끼고, 책에 없는 내용을 상상도 해볼 때 정보를 창의적으로 활용할 수 있습니다. 어떤 문제를 해결하기 위해 새로운 생각을 하는 게 창의력입니다. 창의력은 학원에 간다고 키워지지 않아요. 우리 부모들이 해줘야 합니다.

본질적으로 창의력은 뇌가 변해야 발휘될 수 있어요. 뇌는 '덕후'가 되지 않으면 변하지 않아요. **창의력을 키워주고 싶다면 어느 분야의 '덕후'가 되게 만들면 됩니다.** 전문가들은 인공지능 시대에 중요한 역량으로 직관력을 말합니다. 빠른 시간에 판단하고 해결하는 능력인 직관력은 단순한 정보의 축적이나 연산으로 가능하지 않아요. 직관은 수많은 경험에서 나옵니다. 인공지능은 범접할 수 없는 분야가 인간의 직관력입니다.

4차산업혁명 시대에는 단순히 외워서 아는 지식은 많이 가져도 소용이 없습니다. 정보 활용 능력, 즉 정보 가공력이 중요한 시대가 됐습니다. 정보는 사방에 널려 있어요. 상황에 맞게 정보를 활용하는 능력이 있는 인재가 성공하는 시대입니다.

아이에게 악영향을 미치는 스마트폰

마이크로소프트, 애플, 유튜브 등 세계적인 디지털 미디어 제작사의 경영진 자녀들도 스마트폰 사용을 통제받고 있다는 보도가 화제가 된 적이 있지요. 미국소아과학회는 "18개월~24개월 미만 유아 미디어 사용 금지"를 권고하고 있습니다. 하지만 아직 우리나라 학계에서 영유아의 스마트기기에 관한 권고나 입장을 낸 적은 없어요.

스마트폰과 같이 감성의 상호작용이 없는 일방적인 시각 매체는 아이의 두뇌 발달에 악영향을 미칩니다. 그런데 지금은 진료실에서도 아이들에게 스마트폰을 보여줘야 울음을 그칠 정도로 의존도가 높아요. 영유아기는 인성, 협동, 사고력 등을 키워야 하는 시기인데, 스마트폰 의존이 심해지면 생각하는 능력이 떨어지고, 기억하는 능력, 감정조절 능력, 언어능력이 떨어진다는 연구결과도 나왔습니다.

제대로 된 육아 프로그램이 없어지고 있다

방송의 역할도 생각해보아야 합니다. 연예인 자녀들이 나오는 이른바 '육아예능' 프로그램을 보면 우리 집에 없는 기기와 교재, 교구가 있고, 우리는 못 가는 놀이프로그램을 하러 가면서 평범한 부모들의 질투를 조장하지요. 교육 측면으로 접근하지 않고 너무 오락 위주예요.

실제로 요즘 방송에서 육아 전문 프로그램을 찾기가 어렵습니다. 대표적으로 SBS〈우리 아이가 달라졌어요〉(2006~2015년)는 육아 전문가가 집중적으로 아이들의 잘못된 행동을 수정하고 부모와 가정환경의 개선방안을 제시해주는 역할을 했으나 종방됐습니다.

또 EBS〈60분 부모〉(2003~2014년)는 요일별 정해진 주제를 가지고 전문가와 함께 육아, 교육, 가족 등에서 나타나는 문제점의 해결책을 찾는 프로그램이었으나 역시 폐지됐습니다. 방송사가 시청률 때문에 재미만 추구하다 보니 제대로 된 육아 프로그램이 다 사라진 거예요. 아쉬운 일이지요.

아이의 해결사가 되지 말고 파트너가 돼라

부모들은 아이의 스파링 파트너가 되어야 합니다. 스파링 파트너의 덕목은 2가지가 있습니다. 챔피언이 되겠다는 권투 선수의 꿈과 자신의 꿈이 일치해야 한다는 것과, 절대 선수 대신 링에 올라가지 않아야 한다는 것이지요.

우리 교육에는 '헬리콥터 맘'과 '잔디깎기 맘'이 있어요. 헬리콥터 맘은 아이가 넘어지지 않게 모든 걸 미리 연습시킵니다. 잔디깎기 맘도 마찬가지예요. 아이 앞에 놓인 모든 장애물을 미리 제거해줍니다. 하지만 **넘어져도 그걸 기회라고 생각하고, 실패라고 생각하지 않는 회복 탄력성이 있는 아이로 키워야 합니다.** 부모는 아이가 좋아하고 잘하는 일을 지지해주면 그뿐입니다. '해결사' 역할에서 빨리 벗어나야 합니다.

_취재: 권현경·최규화 기자

부록

I. 사교육 시장의 규모와 성장추세

1. 전체 사교육비 통계

1인당 월평균 사교육비

2009년부터 2014년까지 24만 원 내외를 유지했던 1인당 월평균 사교육비는 2015년부터 급격한 증가세를 보이고 있다. 과거 2,000~3,000원씩 오르던 학생 1인당 월평균 사교육비는 2016년 1만 2,000원이 올라 25만 6,000원이 되었고, 2017년에는 더 가파르게 상승하여 전년 대비 1만 6,000원이 오른 27만 2,000원이 되

1인당 월평균 사교육비 추이(단위 : 만 원)

23.3   24.2   24   24   23.6   23.9   24.2   24.4   25.6   27.2   29.1

2008   2009   2010   2011   2012   2013   2014   2015   2016   2017   2018(년)

교육부 통계청 초·중·고 사교육비 조사

었다. 2018년에는 역대 최고치였던 전년도 수치를 또다시 갱신하여 29만 1,000원을 기록했으며, 증가폭도 전년 대비 7.0%(1만 9,000원)으로 역대 최대이다.

사교육비 총액 규모

2018년 우리나라 사교육비 총액은 19조 5,000억 원으로, 전년 대비 4.4%(8,000억 원) 증가했으며, 사교육 참여율도 72.8%로 1.7%p 증가했다. 2015년까지 감소 추세를 보이던 사교육비 총액 규모는 2017년부터 3년 연속 증가했다. 이뿐 아니라 학교급별 사교육비, 과목별 사교육비 어느 항목 하나 감소한 것이 없는 것으로 나타나 사교육비 폭증 대란이라고 표현할 정도의 교육 참사가 일어났다.

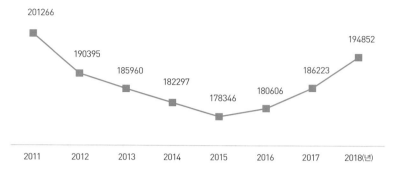

사교육비 총 규모 추이(단위 : 만 원)

201266
190395
185960
182297
178346
180606
186223
194852

2011 2012 2013 2014 2015 2016 2017 2018(년)

교육부 통계청 초·중·고 사교육비 조사

2. 영유아 사교육비 통계

영유아 1인당 월평균 사교육비

최근 3년간 영유아 1인당 월평균 사교육비는 2015년 3만 7,200원
에서 2016년 4만 2,000원, 2017년 11만 6,000원으로 큰 폭으로 상
승했다. 하지만 이 조사에는 유치원·어린이집 특별활동비가 제외되
어 실제 학부모가 체감하는 사교육비 부담은 더 높을 수밖에 없다.
사교육에 참여하는 영유아 1인당 월평균 사교육비는 2015년 이후
미발표되었지만 비슷한 추이로 상승했음을 추측해볼 수 있다.

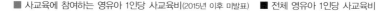

사교육 참여 여부에 따른 영유아 1인당 사교육비 비교(단위: 만 원)

■ 사교육에 참여하는 영유아 1인당 사교육비(2015년 이후 미발표)　■ 전체 영유아 1인당 사교육비

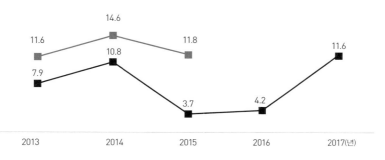

2013　　2014　　2015　　2016　　2017(년)

육아정책연구소 〈영유아 교육·보육 비용 추정연구〉

영유아 사교육비 연간 총액 규모

영유아 사교육비 연간 총액 규모는 2015년 1조 2,051억 원이었다가, 2016년 1조 3,809억 원에서 2017년 3조 7,397억 원으로 전년 대비 2.7배 상승하여 매우 가파르게 증가하는 상황을 보여주고 있다. 5개년에 걸친 〈영유아 교육·보육 비용 추정연구〉는 영유아 사교육 실태를 확인할 수 있는 유일한 지표였으나 해당 연구는 2017년으로 종료되었다.

사교육걱정없는세상은 교육부와 통계청이 매년 발표하는 사교육비 통계 조사에 영유아 사교육비를 포함하여 정확한 실태조사를 할 것과, 폭증하는 영유아 사교육비 문제를 해결할 대책도 함께 내놓을 것을 지속적으로 요구하고 있다.

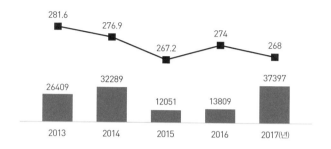

영유아 사교육비 연간 총액

■ 전체 영유아 수(만 명) ■ 영유아 사교육비 연간 총액(억 원)

육아정책연구소 〈영유아 교육·보육 비용 추정연구〉, 사교육걱정없는세상 교육통계센터 재구성

II. 유아 대상 영어학원과 학습지

조기 영어 교육 시작 시기의 초저연령화

사교육걱정없는세상과 유은혜의원실의 조사 결과 고등학생이 영어 교육을 시작한 시기는 초등학교 3학년이 가장 많았으나, 현재 중학생의 경우 초등학교 1학년, 현재 유치원생의 경우 만 3세가 가장 많은 비중을 차지했다. 즉, 연령이 낮아질수록 영어교육을 시작하는 시기가 점차 빨라지고 있는 것이다.

특히 만 5세 유아의 경우 가장 많은 비율인 27.7%가 만 3세에 영

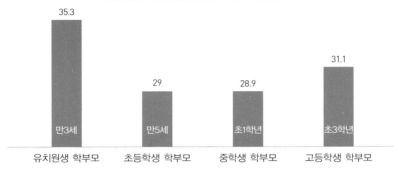

연령대별 가장 많은 영어 시작 시기 (단위: %)

유치원생 학부모	초등학생 학부모	중학생 학부모	고등학생 학부모
35.3	29	28.9	31.1
만3세	만5세	초1학년	초3학년

사교육걱정없는세상, 유은혜의원실(2014)
서울·경기 지역 학부모 총 7,628명 대상 조사

어교육을 시작했으나, 고2는 만 3세에 영어교육을 시작한 비율이 3.2%에 불과해, 만 3세에 영어교육을 시작한 경우가 10년 사이에 9배나 증가한 것으로 나타났다.

유아 대상 영어학원 증가 추이

서울시 유아 대상 영어학원의 최근 3년간 증가 추이를 살펴보면 2016년에 237곳, 2017년에 251곳, 2018년에 295곳으로 매년 양적 증가 추세에 있다.

특히 강남·서초권은 2017년에는 전년 대비 17곳(▲34.7%), 2018년에는 전년 대비 21곳(▲31.8%)이 늘어 매년 30% 이상씩 폭

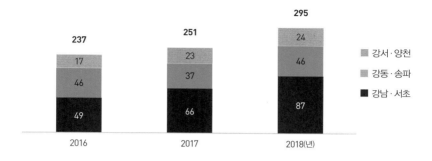

서울시 반일제 이상 유아 대상 영어학원 수 3개년 증가 추이(2016~2018)

사교육걱정없는세상
서울시 학원 및 교습소 등록 현황(2016.12, 2017.12, 2019.1 기준)

발적으로 증가 중이며, 강동·송파, 강서·양천 등 이른바 '사교육 과열지구'에 유아 대상 영어학원의 절반 이상이 집중되어 교육 불 평등 및 양극화가 심화되는 현실을 확인할 수 있다.

대학등록금보다 비싼 유아 대상 영어학원비

서울시 반일제 이상 유아 대상 영어학원의 월평균 총 학원비는 2019년 약 103만 7,000원, 최대 금액 학원은 무려 224만 3,000원 에 이르는 것으로 조사되었다. 연간 비용으로 환산하면 1,244만 원 으로 4년제 대학등록금 667만 원의 1.9배에 해당하며, 최대 금액 학원의 경우 2,692만 원으로 약 4배에 달하는 비용이다.

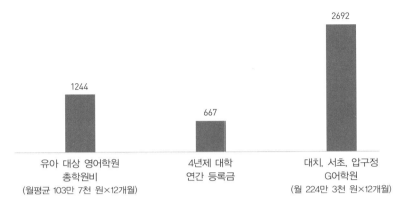

유아 대상 영어학원 총학원비와 4년제 대학 등록금 비교(2019. 1. 1 기준, 단위: 만 원)

2692

1244

667

유아 대상 영어학원
총학원비
(월평균 103만 7천 원×12개월)

4년제 대학
연간 등록금

대치, 서초, 압구정
G어학원
(월 224만 3천 원×12개월)

서울시 학원 및 교습소 등록 현황(2019.1. 기준), 대학알리미(2018 회계년도 기준)
사교육걱정없는세상

서울 사립초등학교의 연평균 학부모 부담금은 약 1,016만 원으로 유아 대상 영어학원(2년)과 사립초등학교(6년)를 보낸다면 8년간 학비만 계산해도 최대 1억 3,500만 원이라는 계산이 나온다. 일반 학부모들이 감당하기 어려운 고비용의 영어교육인 셈이다.

중학생 수업시간과 맞먹는 유아 대상 영어학원 교습시간

서울시 유아 대상 영어학원의 일평균 교습시간은 4시간 51분으로 초등학교 1, 2학년 일평균 수업시간인 3시간 20분보다 길고, 중학교 일평균 수업시간인 4시간 57분과 비슷한 수준으로 조사되었다.

교습시간이 가장 긴 학원은 아이들이 무려 11시간 25분 동안 영어 학습에 노출되고 있었다.

유아의 연령과 발달을 고려하지 않은 장시간의 학습은 유아의 건강한 성장을 저해할 가능성이 크다.

중학교 1학년 교과서보다 높은 유아 대상 영어학원 교재 수준

유아 대상 영어학원 중 대표적 프랜차이즈인 P학원의 7세(3년차) 교재를 살펴보니, 연간 총 37권, 전체 면수는 4,258면에 달하는 과다한 양으로 조사되었다. 그중 읽기 교재 6권의 지문을 대상으로 어휘 난이도를 파악하기 위해 렉사일 지수(개인의 영어독서 능력과 수준에 맞는 도서를 골라 읽을 수 있도록 미국에서 개발된 독서능력 평가지수), 어휘 수, 문장당 단어 수 등을 측정해보았더니, 렉사일 지수는 평균 420L로 우리나라 중학교 1학년 영어 교과서 수준(295~381L)과 비슷하거나 더 높았다.

어휘 수는 총 1,134개로 초등학교 3~4학년군에서 사용할 수 있는 어휘 수의 약 4.7배에 해당하며, 중학교 1~3학년군에서 사용할 수 있는 총 어휘 수(1,250개)에 흡사한 수준이었다. 문장당 단어 수는 평균 7.03개였으며, 현행 중학교 1학년 영어 교과서의 한 문장 단어 수가 평균 6.61~7.48개임을 감안할 때 중학교 1학년과 비슷한 수준이었다.

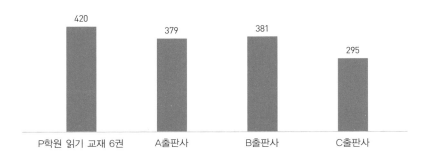

P학원 교재와 중학교 1학년 교과서의 렉사일 지수 비교(단위: L)

420 — P학원 읽기 교재 6권
379 — A출판사
381 — B출판사
295 — C출판사

〈수능 영어 과목 평가 방식, 이대로 좋은가?〉(2014), 이병민

초등 2학년에 배울 내용, 학습지 '만 3세'에 배치

육아정책연구소의 〈영유아 사교육 실태와 개선방안 II: 2세와 5세를 중심으로〉(2016)에 따르면 우리나라 만 5세 아동의 83.6%가 사교육을 이용하고 있고, 그중 학습을 목적으로 사교육을 받는 유아의 82.4%가 학습지를 이용한다. 그만큼 학습지는 영유아 사교육 시장의 핵심상품이다.

그런데 조사한 결과 특정 학습지에서 만 3세 대상 교재에 초등학교 2학년에 올라가야 배우게 될 내용을 배치하여 유아의 발달수준을 뛰어넘는 과도한 선행학습이 이루어지고 있었다. 학습지 상품 연령도 돌 전후부터 태교에 이르기까지 초저연령화된 것으로 조사되었다.

III. 영유아 사교육의 문제점

놀 권리의 침해

**유엔아동권리위원회의 대한민국
제5·6차 국가보고서에 대한 최종견해**

G. 교육·여가 및 문화 활동 (협약 제28·29·30·31조)
교육 및 교육의 목표

41. 위원회는 선행학습 관행(예: 진학을 위해 취학 전에 사교육을 받
는 것)을 근절하기 위한 「공교육 정상화 촉진 및 선행교육 규
제에 관한 특별법」 제정, (…) 자유학기제 도입 (…) 을 환영
한다.

그러나 당사국 아동자살의 주요 원인인 과도한 학업부담, 그
에 따른 수면부족, 높은 수준의 스트레스에 대해 여전히 우
려한다. 아동의 아동기를 사실상 박탈하는 지나치게 경쟁적
인 교육 환경과 다음의 사항에 대해 심각하게 우려한다.

(a) 부모의 소득에 따라 달라질 수 있으며, 유치원에서 시작되

는 사교육에 대한 의존도가 지속적으로 증가하는 것. (…)

(i) 학업성적과 관련한 경우를 포함하여, 학교에 널리 퍼져 있는 (…) 차별.

(j) 아동들이 학업으로 뛰어나야 한다는 사회적 압박을 받으면서, 여가, 놀이 및 운동을 위한 시간과 안전한 무료 시설을 충분히 누리지 못하는 현 상황이 여가시간의 과도한 스마트폰 사용에 기여하는 것.

42. (…) 위원회는 교육과정 다양화, 대학입시제도 재검토 (…) 등을 포함하여 경쟁 완화라는 목표 하에 교육의 목적에 관한 위원회의 일반논평 제1호(2001)에 부합하게 공교육 제도를 개선할 것을 당사국에 촉구한다. 또한 위원회는 다음과 같이 권고한다.

(a) 사교육 의존도를 줄일 것; 공립 및 사립학교의 「공교육 정상화 촉진 및 선행교육 구제에 관한 특별법」 준수 여부를 모니터링 할 것; 준수하지 않았을 경우 제재를 가할 것.
(…)

(j) 아동 발달을 위한 핵심요소로서 휴식, 여가 및 놀이에 대한 관점과 태도를 전환하기 위한 인식 제고 프로그램과 대중 캠페인을 실시할 것; 모든 아동이 스포츠를 포함하

여 휴식과 여가를 누릴 뿐만 아니라 놀이와 오락활동을
할 수 있도록 충분한 시간 및 시설을 보장할 것.

제82차 회기(2019년 9월 9일~9월 27일)에서 채택됨

유엔아동권리협약 제31조는 "여가, 문화 및 오락활동에 대한 아동
의 권리를 보장하라"라고 한다. 하지만 우리나라에서 이는 잘 지켜
지지 않고 있다.

2019년 9월 대한민국의 유엔아동권리협약 이행 제5·6차 국가보
고서 심의현장에서 대한민국 심의 코디네이터를 맡은 아말 알도세
리 위원은 정부에 "한국 공교육 제도의 최종 목표는 오직 명문대 입
학인 것으로 보인다. 아동이 잠재력을 십분 실현할 수 있도록 하고
발달하게 하는 것이 목표가 아니라 경쟁만이 목표인 것 같다"고 지
적했다.

정부가 놀이정책을 성과로 제시한 것에 대해서는 "아동들이 공
부를 굉장히 많이 해야 하는데, 실제로 이러한 활동을 즐길 수 있는
가? 내가 만난 한국의 아동들은 자신들이 하는 일은 공부밖에 없다
고, 학교가 끝나면 자정까지 학원에 있어야 한다고 했다. 이런 와중
에 여가활동을 즐길 수 있는가?"라고 의구심을 표했다.

유엔아동권리위원회는 최종견해를 통해 대한민국의 지나치게
경쟁을 부추기는 교육 환경 등에 심각한 우려를 표하고 "경쟁적 교

육 시스템 완화"등을 권고했다.

육아정책연구소가 2016년 2세와 5세 아동의 하루 일과를 조사한 결과, 개인지도, 그룹지도, 학습지도 등의 평일 시간제 교육시간은 가정양육 2세 아동의 경우 69분, 5세 아동의 경우 175분으로 나타났다. 어린이집과 반일제 이상 학원에 다니는 2세 아동은 각각 13분, 71분이며, 5세 아동의 경우 어린이집 재원 아동 68분, 유치원 재원 아동 59분, 학원 재원 아동이 81분이었다.

기관을 이용하는 영유아의 경우 제시된 시간에 기관이용 시간은 포함되어 있지 않으므로 영유아들은 더 긴 시간을 학습에 사용한다고 볼 수 있다. 특히 반일제 이상 학원으로 다니는 경우 하루 시간의 대부분이 학습으로 이루어지는 것은 심각한 상황이다.

	가정양육	어린이집 재원	유치원 재원	반일제 이상 학원 재원
2세 아동	69	13	–	71
5세 아동	175	68	59	81

〈영유아 사교육 실태와 개선방안 II〉(2016), 육아정책연구소

국외 학자들이 제시하는 권장 숙제 시간에 영유아는 아예 제외되어 있으며, 초등학교 저학년의 경우라도 하루에 0~30분,• 혹은 일주

• Cooper H. Homework: What the research says [Research brief]. Reston, VA: National Council of Teachers of Mathematics, 2008

262 0~7세 공부 고민 해결해드립니다

일에 15~20분 정도의 숙제 1~3개*를 하는 것이 적절하다고 보았다. 이러한 기준에 비춰볼 때 우리나라 영유아의 학습시간은 지나치게 긴 편이다.

우리나라 아동의 현 상황을 보여주는 기타 지표들

우리나라 아동의 삶의 만족도 점수는 OECD 27개국 중 최하위였다. 2018년 아동실태조사에 따르면 우리나라 아동 중 일주일에 하루 30분 이상 운동을 하는 아동은 36.9%에 불과했다. 신체활동 시간이 줄어드는 만큼 건강 위험 요인이 증가하고 있고, 과중한 학업 부담, 친구들과 어울려 놀 수 있는 기회의 부족 등으로 마음건강 또한 위험한 수준이었다. 아동의 우울 및 불안, 공격성은 2013년 대비 뚜렷하게 증가했다.

청소년 스트레스 인지율 40.4%, 우울감 경험률 27.1%(청소년건강행태조사, 2018)로 조사되었고, 자살 생각을 하는 청소년이 17.6%, 실제로 자살 행동을 한 경우 1.7%, 자살 의도는 없지만 자해 행동을 한 경우 5.8%(소아청소년 정신질환실태조사, 2018)로, 위기에 내몰려 있는 청소년들의 상황을 수치가 보여주고 있다.

우리나라 아동은 학업성취도가 높고 물질적 결핍은 낮은 수준이지만 관계적 결핍(여가활동, 친구, 가족과의 행사 등) 수준은 높았다(아동

● Zentall S, Goldstein S, Seven Steps to Homework Success: A Family Guide to Solving Common Homework Problems, FL: Specialty Press, Inc., 1999

실태조사, 2018). 아동의 방과 후 희망활동 조사에서 희망보다 실제가 가장 저조한 분야는 "친구와 놀기", "신체활동 및 운동하기" 순으로 놀이시간이 턱없이 부족한 것으로 나타났고, 희망보다 실제가 가장 높은 분야는 "학원이나 과외"로 조사되었다.

아동의 70% 이상은 평소에 시간이 부족하다고 응답했고, "학원 또는 과외 등 학습 관련 시간 부족"이 전체 응답의 75%를 차지했으며 청소년기 연령일수록 시간 부족 응답 비율이 상승했다.

부모들이 참고할 만한 놀이 관련 정보

최현주 사교육걱정없는세상 영유아사교육포럼 부대표

최근 4~5년 사이 우리나라 아동 관련 이슈 중 가장 뜨거운 이슈는 '놀이'라고 할 수 있다. 그만큼 아동의 놀이와 관련한 사회적 논의가 매우 활발하게 이루어지는 상황이다.

놀 권리, 놀이터, 놀이환경, 놀세권(아이들이 뛰어놀며 자라기 좋은 동네) 등 놀이와 관련한 다양한 키워드가 등장했으며, 정부와 지자체도 놀이 정책을 수립하고 참여형 놀이터, 모험 놀이터, 생태놀이터와 같은 놀이터 조성 사업에 힘을 쏟고 있다.

이제는 민간교육업체에서도 '놀이'를 표방하며 다양한 교육 프로그램과 상품을 출시하기에 이르렀다. 사회적으로 아동, 특히 영유아 단계 아동의 '놀이'가 매우 중요하다는 인식이 확산됐고, 인지발달을 위해 무리한 학습 위주의 접근보다는 '놀이'를 통한 자연스러운 접근이 중요하다는 점이 강조됐기 때문이다. 이러한 사회적 현상을 자세히 살펴보면 "놀이를 통해 신체·인지 등과 같은 특정 영역을 발달시킬 수 있다", "놀이로 수학적 개념을 깨우칠 수 있다" 등 놀이의 기능적 측면에만 초점을 맞추고 있다.

영유아 단계 아이들에게 '놀이'는 삶이고 본능 그 자체이다. 놀이 자체를 추구하며 삶을 영위하다 보면 자연스럽게 발달이 따라오는 것이며, "놀이를 통한 ○○○ 발달"이라는 인위적인 목표를 내세우는 것은 진짜 놀이라고 할 수 없다. 그런데도 지금 영유아 교육 시장은 이미 놀이를 상업화·상품화하며 왜곡된 놀이 정보를 유통하고 있어 많은 양육자에게 혼란을 야기한다.

이에 양육자들이 참고할 만한 놀이 관련 컨텐츠를 소개하고자 한다. 상업적이지 않고, 우리 주변에서 활용 가능한 정보들을 취합해 보았다.

'놀이'를 생각해보기: 놀이란?

EBS 다큐프라임 〈놀이의 반란〉

2012년에 방송된 〈놀이의 반란〉은 놀이를 잃어버린 우리 아이들의 현실과, 놀이가 아이의 발달에 어떠한 영향을 미치는지를 다양한 실험과 전문가들의 연구결과를 통해 보여준 다큐멘터리로 우리 사회에 '놀이'가 사회적 의제로 등장하는 데 많은 영향을 미쳤다.

놀이는 아이의 본능이자 삶 그 자체임을 강조하며, 놀이를 잃게 될 경우 우리가 겪게 될 일들에 대해 경고한다. 〈놀이의 반란〉은 1부 '아이의 본능', 2부 '아빠놀이, 엄마놀이', 3부 '놀이에 대한 생각을 바꾸다' 총 3부작으로 구성되어 있으며, EBS 홈페이지에서 감상할 수 있다.

EBS 신년기획특집 〈놀이의 힘〉

유아에게 놀 권리 보장을 통한 건강한 발달을 지원하고, 학부모와 국민들에게 유아기 놀이의 중요성에 대한 메시지를 전달하고자 교육부와 EBS가 공동으로 기획하고 제작한 특집 다큐멘터리다. EBS 홈페이지에서 "놀이의 힘"을 검색하거나 교육부 홈페이지에서 "기획다큐 놀이 3부작"을 검색하면 감상할 수 있다. 1부 놀이는 '아이의 본능이다', 2부 '진짜놀이 가짜놀이', 3부 '놀이는 경쟁력이다'로 구성되어 있다.

'놀이'가 궁금할 때 참고할 만한 사이트

씨프로그램

씨프로그램(c-program.org)은 벤처기부펀드로 다음 세대를 위한 놀이와 배움에 투자하는 곳이다. 아동의 일상 속에 누구나 갈 수 있는 열린 공간을 늘려가는 실험이나, 놀이환경에 대한 구체적인 대화를 만들어가는 실험에 투자하고 있다.

'놀세권 연구' 카테고리에 들어가면 내가 살고 있는 지역이 얼마나 아이들이 놀기 좋은 지역인지 확인하는 체크리스트를 다운로드할 수 있으며, 'LIBRARY' 카테고리에서는 놀이와 관련한 국내외의 다양한 학술정보를 한번에 확인할 수 있다. 또한 별도의 놀이지도 링크(playwithus.kr/home/sketch)에 접속하면 부산, 대구, 대전, 광주 지역의 놀이지도를 다운로드할 수 있다.

놀이하는사람들

놀이하는사람들(공식 블로그: blog.naver.com/nolsa2009)은 어린이, 청소년들이 놀이를 통해 건강하게 성장할 수 있도록 돕는 것을 목표로 활동하는 비영리 사단법인이다. 서울, 경기, 강원, 인천, 충북, 제주 지역을 중심으로 한 달에 한 번 '두근두근 놀이마당'을 개최한다. 굴렁쇠, 밧줄놀이, 죽마, 땅따먹기 등 추억의 놀이를 엄마 아빠와 아이 세대가 함께 즐길 수 있다.

공식 블로그의 '놀이자료실'을 통해 놀이 관련 정보를 얻을 수 있으며, 온라인 소식지를 구독할 경우 각종 행사안내를 받을 수 있다.

우리 동네에서 놀자! 각 지자체 놀이지원 정보

중앙육아종합지원센터

육아종합지원센터는 권역별·시도별로 설치되어 있으며, 각 가정양육지원의 일환으로 놀이(체험)실 이용과 장난감·도서대여 서비스를 실시한다. 중앙육아종합지원센터(central.childcare.go.kr)에 접속하면 거주 지역에 맞는 정보를 확인할 수 있다.

—— 홈페이지 경로

장난감·도서대여 서비스 운영지원:

중앙육아종합지원센터 → 가정양육지원 → 양육서비스 →

장난감·도서대여 서비스 운영지원

놀이(체험)실 운영지원:

중앙육아종합지원센터 → 가정양육지원 → 양육서비스 →

놀이(체험)실 운영지원

공동육아나눔터

"자녀와 어떻게 놀아야 할까?" "지금 이렇게 하는 것이 맞는 걸까?" 놀이에 대한 부담은 육아에 대한 부담으로도 이어진다. 지금 세대 부모들이 가진 육아 고민과 부담을 경감시키고 지역 중심의 자녀 양육환경을 조성하기 위해 지자체별로 '공동육아나눔터'가 운영 중이다.

공동육아나눔터에서는 안전하고 쾌적한 자녀 돌봄 활동 장소 제공, 장난감 및 도서 이용·대여, 부모 간 자녀 양육 경험·정보 교류 등의 지원이 이루어지고 있다. 지역별 건강가정지원센터(www.familynet.or.kr, 전화상담: 1577-9337)에 문의하면 우리 동네 공동육아나눔터 이용이 가능하다.

영유아 학부모를 위한 현명한 학원 선택법

구본창 사교육걱정없는세상 정책대안연구소 정책국장

영유아의 경우 학원에 보내는 것이 득보다는 실이 될 가능성이 크
다. 하지만 부득이하게 선택해야 한다면 다음 4가지를 고려해서 선
택하기를 바란다.

1. 유아의 정서적 발달을 고려하라

영유아 학부모가 학원을 고려할 때 크게 2가지 양상이 나타난다.
하나는 놀이를 위한 학원이고 다른 하나는 조기교육을 위한 학원이
다. 후자의 경우 조기 영어교육이나, 초등학교 입학 문턱에서 한글
과 수학을 선행 학습하기 위한 학습 사교육이다. 이때 유의해야 할
점이 유아의 신체와 정서 발달 과정이다.

원어민이 있는 유아 대상 영어학원에 적응하기 어려워하는 아이들이 있다. 생김새가 다르면서 우리말을 사용하지 않는 사람을 만났기 때문이다. 지나치게 낯선 경험은 아이의 정서에 좋지 않다. 등원할 때 외국인과 "Hi" 혹은 "Hello"라고 인사하며 하이파이브를 하는 일부터 힘겨워하는 유아를 종종 보게 되는데, 이는 정서적인 부분에 문제를 겪고 있다는 신호다.

놀이학원을 선택할 때도 아이들이 그곳에서 무조건 잘 놀고 올 것으로 생각해서는 안 된다. 유아 시기는 구조화된, 규칙이 있는 놀이를 하는 단계가 아니다. 그렇기에 이 시기의 아이들은 어른의 관점에서 이해하기 어려운 자유롭고 창의적인 놀이를 한다. 이때 과도한 통제를 하면 아이가 거부감을 느끼게 된다.

놀이학원의 프로그램은 아이들을 놀게 하고 안전을 책임지는 정도로 돌보는 것도 있지만 수업이라고 명명된 것도 있다. 대부분 미술, 악기, 과학 수업이다. 미술 수업을 예로 들어보자. 아이는 미술 시간에 자기가 원하는 재료와 색채로 자유롭게 표현하고 싶은 욕구가 강하다. 그런데 강사는 특정 시간 동안 정해진 재료와 채색을 강조한다. 이럴 때 3~5세의 아동은 "수업은 내가 하고 싶은 놀이를 하지 못하도록 하는 시간이야"라는 부정적 인식을 하게 된다.

학원에 들어간 아이가 초등학교에 들어가기도 전에 강사나 교사에게 정서적 거부감을 느끼고 수업은 나쁜 것이라는 인식을 하게 된다면, 과연 돈까지 주고 이런 상품을 소비해야 하는지 면밀히 따져볼 필요가 있다.

2. 가성비를 고려하라

현명한 소비자들이 상품을 구매할 때 제일 먼저 고려하는 것이 가성비다. 학원을 선택할 때도 마찬가지다. 학원비도 책정 기준이 있다. 교육지원청별로 분당 교습비 단가를 정하는 기준안이 있는데, 학원들은 프로그램 시간에 이 기준안을 적용해서 학원비를 책정한다.

이 비용은 교육지원청별로 차이가 있고, 과목별로도 다르다. 이렇게 산출된 학원비는 학원법상 학원 내에 잘 보이게 부착해야 한다. 요즘에는 '옥외가격표시제'라고 해서 학원 건물 밖에 이를 걸어놓게 되어 있다. 학원을 고를 때는 이것을 참조해 학원비가 맞는지부터 따져보아야 한다. 만약 과하게 책정됐다고 판단했을 때는 환불도 요구할 수 있다.

돌봄 공백을 채우기 위해 학원을 부득이하게 선택하는 경우에도 가성비를 따져봐야 한다. 반일제 이하 유아를 대상으로 하는 영어나 수학 프랜차이즈 학원의 경우 대부분 주 2~3일 프로그램에 가격은 20만 원대로 형성되어 있다. 그런데 피아노나 태권도와 같은 예체능의 경우는 주 5일 진행되는데 가격은 10만 원 중반대이다. 이런 점들을 따져볼 때 돌봄 공백을 해소하는 시간도 길고 학원비도 싼 예체능 상품을 선택하는 것이 가성비가 높은 소비가 된다.

3. 학원에 머무는 총량을 고려하라

요즘은 유아도 영어나 수학과 같은 학습 사교육을 1~2가지 하면서 수영이나 태권도, 피아노나 바이올린 등 예체능 학원을 겹치기로 다니는 경우가 많다. 3~5세에 적으면 두 개, 많으면 5~6개의 학원에 다니는 경우가 매체에 종종 소개된다.

그러나 유아 시기에 구조화된 프로그램, 더군다나 인지학습 프로그램에 노출되면 신체와 정서의 발달에 부정적인 영향을 받을 수 있다. 이 시기에 해당 프로그램이 진행되는 학원을 두 개 이상 보낸다는 것은 굉장한 무리수이다. 자유로운 신체활동으로 구성된 프로그램이라 할지라도 두 개 이상 보내는 일은 가급적 삼가야 한다.

4. 환경을 고려하라

학원을 보낼 때는 시설, 교재, 교구, 강사진 등 환경을 면밀하게 따져보고 선택해야 한다. 먼저 시설이 유아 친화적인지를 반드시 살펴야 하고 교재와 교구도 아이에 맞는 환경인지 잘 살펴야 한다. 집에서 그림 동화책, 그것도 좋아하는 한 권을 매일 반복해서 읽어왔던 아이에게 전집이 깔린 강의실이나 도서관을 둔 학원은 득이 될 것이 하나도 없다. 게다가 학원의 도서가 다 영어 동화책인 경우는 더더욱 그렇다.

강사진도 마찬가지다. 유아를 대상으로 교육서비스를 제공하는 학원이라면 적어도 유아에 대한 이해를 갖추었다고 인정되는 사람,

즉 유아의 행동, 신체, 정서에 대한 이해 수준이 높은 전문가를 강사로 두어야 한다. 하지만 대부분의 유아 대상 영어, 수학 학원은 초등학생을 주로 가르치는 강사들이 반만 바꾸어서 들어오는 경우가 다반사다. 이런 시설에 아이를 보낼 경우 어떤 서비스를 받게 될 것인지를 충분히 고려한 후 학원을 선택하는 것이 무엇보다 중요하다.

학원은 아무리 영유아를 대상으로 한다고 해도 '학원법'이라는 큰 틀에 의거해 운영되기 때문에 영유아의 발달단계가 충분히 고려되지 않는다. 강사, 커리큘럼, 시설(화장실, 급식, 놀이실 등)과 같은 환경이 영유아 친화적이지 않다. 그럼에도 가끔 영유아 발달단계를 고려한 환경을 갖추려는 학원도 있다. 하지만 대부분 고가일 가능성이 크다. 영유아 자녀의 학원을 선택할 때, 이 부분도 신중하게 고려하여 선택해야 할 것이다.

노워리 상담넷 사례

노워리 상담넷은 사교육과 교육에 대한 걱정을 나누는 좋은 이웃들의 커뮤니티이자 고민과 걱정을 상담하는 온라인 상담소다. 상담넷에 올라온 다양한 사례 중 도움이 될 만한 일부를 발췌해 정리했다. 상담 내용 중 지역, 이름 등 개인적인 정보는 익명 처리했다.

아이가 지나치게 앞서가는 것 같아요

Q. 7세 여자아이를 키우고 있습니다. 또래 아이들보다 성숙하고 친구들 사이에서 박사로 통하는 아이입니다. 지적인 욕구나 호기심이 많아 5세 때부터 한글, 영어, 그림 등을 잘하지는 못해도 빨리 익혔습니다.

그런데 아이가 요즘 자주 "아빠, 받아쓰기하자"라고 합니다. 저는 너무 빨리 문자를 익히기보다 상상력을 키우는 놀이를 많이 했으면 하는데 마음대로 되지 않습니다. 아이가 원하면 이런 학습을 계속해도 될지 궁금합니다.

문제를 풀어서 맞추는 게 이 아이한테는 놀이인 것 같습니다. 일부러 어려운 문제를 내고 틀렸다고 하면 공부하고 다시 문제를 내 달라고 하는데, 거기에 맞춰주다가 너무 많이 가는 거 아닌가 싶어 멈추기도 합니다.

아이 엄마도 저도 글씨를 익히라고 한 적은 없는데요, 신기해서 잘한다 잘한다 했더니 점점 너무 앞서가는 것 같아 좀 걱정입니다. 나중에 학교에 가서 다 아는 거라고 싫증을 내면 어떻게 해야 할까요? 방법을 좀 알려주세요.

A. 안녕하세요? 아버님은 고민이 깊으실지 몰라도 상담 글 읽으면서 따님이 어찌나 귀여운지요. 따님 걱정에 놀리고 싶어서 궁리하시는 아버님과 짜증 내지 않고 방법을 찾아내는 따님이 참 보기 좋아요.

'때'가 언제인지를 이야기할 때 기준은 항상 아이라고 해요. 대체로 남들과 비슷한 시기에 비슷한 성장을 하는 아이를 둔 부모는 아이가 뭔가 특출나게 영재성을 보이며 더 잘했으면 하시고, 뭔가 평범치 않고 독특한 아이를 둔 부모는 아이가 평범했으면 하시지요.

그런데 분명한 사실은 부모가 노력해서 아이를 특출나게 만들 수 없듯이 노력해서 남들과 비슷하게 만들 수도 없다는 것입니다.

따님처럼 **지적인 욕구나 호기심이 많은 경우 실컷 해보도록 옆에서 지켜보다가 도움을 요청하면 함께 고민해주시는 정도면 충분할 것 같습니다.** 따님의 속도에 맞춰주시고 따님의 눈높이에서 함께 궁리를 해주세요. 하기 싫은데 한글·영어를 공부시키는 것과 궁금해서 알고 싶은데 하지 말라 하시는 건 같은 걸로 보여요.

다만, 책상에서 이뤄지는 지식습득에 치우치기보다는 책상을 벗어나 밖에서, 가능하다면 자연 속에서 호기심을 채우는 방법으로 학습이 이뤄지면 훨씬 좋지 싶습니다. 한 가지 더 말씀드리면, 글자를 익혀 혼자 책을 읽을 수 있더라도 할 수만 있다면 엄마 아빠가 계속 읽어주시기를 추천드려요.

"학교 가서 다 아는 거라고 싫증 내면 어찌해야 할까?"는 아버님의 걱정이고 불안이라는 점, 아시지요? 혹 그때 가서 다 아는 거라고 해도 다른 방법으로 호기심을 자극해주면 되지 싶습니다. 아시나요? 궁리하는 모습이 딱! 따님과 붕어빵이시라는 거요. 아이를 향한 아버님의 노력에 응원의 박수 보내드립니다.

발달이 느린 아이, 어떻게 가르쳐야 할까요?

Q. 5세 남자아이의 엄마입니다. 아이가 발달이 좀 느린 편입니다. 3세 때부터 전문가들이 몇 개월 발달 때는 이러한 것을 한다, 이런

발달표를 보면 항상 6개월이 늦었어요. 하지만 굳이 억지로 무언가를 시키고 싶진 않아서 치료를 하지 않고 기다렸는데, 올해 봄에 검사한 결과 언어는 개월 수와 꼭 맞게 되었습니다. 그래도 말이 38개월에 트였고 배변도 38개월에 했고 개수를 세는 건 55개월 즈음에 깨치는 등, 전체적으로 빠른 아이는 아닙니다.

제가 궁금한 건 이런 아이는 한글 교육을 언제 어떻게 시작해야 맞느냐는 거예요. 저희 아이는 한글을 읽어주거나 써주면 정말 좋아합니다. 근데 막상 가르치려니 아이가 그만 한 그릇이 될지 걱정이 됩니다. 그러다가도 만약에 제가 늦장을 부렸다가 이미 한글을 깨친 친구들 때문에 아이 자존감이 떨어지거나 하진 않을지 걱정이에요.

친정어머니나 남편은 이제 학습지를 시작해보자고 하는데, 아이한테 물어보니 하고 싶다고는 하더라고요. 하지만 저는 아이도 걱정되고, 풍족하지 못한 생활에 빚내서 사교육을 시키고 싶지도 않아요. 빚을 지면 제가 풀타임으로 일을 해야 하는데 아이들은 엄마가 집에 있을 때 더 안정되지 않나요? 제가 어디까지 옳은지 알 수 없어서 걱정스럽습니다.

A. 전반적으로 느린 것 같은 아들의 한글교육을 언제부터 하면 좋을지에 대해 문의를 하셨군요. 아이에 대해 상세하게 알려주셔서 아이를 이해하는 데 많은 도움이 되었습니다.

아이가 여러 발달 면에서 느려서 걱정되고 불안한 마음이 이해가 됩니다. 아이마다 발달이 다르니 기다리자고 마음먹어도 불안한 마음은 스멀스멀 올라오는 거 같아요. 어쩌면 아이를 잘 키운다는 것은 엄마가 느끼는 불안을 인정하되, 불안에 휘둘리지 않는 힘을 얼마나 가지고 있느냐에 달려 있다는 생각이 들기도 합니다.

아이에 대해 설명하는 말씀을 들으며 어머님은 아이를 잘 관찰하고 잘 돌보는 어머니임에 틀림없다는 생각이 들었습니다. 아이에게 강요하거나 주변의 압력에 휘둘리지 않는 어머니라는 생각도 들었고요. 덕분에 아이가 조금 느리지만 잘 자라고 있는 것으로 보이네요. 지금까지 잘 해오셨고, 애쓰셨다고 많이 칭찬해드리고 싶어요.

아이의 자존감이 크게 상처받지 않게 마음 쓰고 학습이나 발달을 돕는 것은 필요하고 중요하다고 생각합니다. 그런데 항상 어려운 것은 어디까지인가 하는 거지요. **아이가 할 수만 있다면 실패를 경험하지 않았으면 하는 바람이 드는 건 당연합니다. 그러나 아이가 잘 큰다는 것은 실패하지 않는 것이 아니라, 넘어졌을 때 그 아픔을 견디는 법과 잘 일어나는 방법을 배우는 것이라 생각됩니다.** 아이가 넘어졌을 때 부모님과 함께 아픔을 견뎌낼 수 있다면, 아이는 그 힘으로 잘 일어나는 방법 또한 배울 것입니다.

또, 엄마가 늦장을 부린다고 아이가 한글을 못 받아들이는 일은 없을 것입니다. 오히려 늦어질수록 더 성숙해진 후에 문자를 익히는 것이라 더 빠르게 한글을 습득할 수 있죠. 이미 느끼시겠지만, 아이마다 발달 속도도 다르고 따라서 한글을 접하는 시점, 배우는 학습 속도도 다릅니다. 그러나 5~7세 아이들은 너무나 순수하기 때문에 서로 비교하고 자존심을 건드리거나 무시하지 않아요. 그저 재미있는 놀이를 같이하며 다른 아이들과 잘 어울리죠. 자존감이 떨어질까 봐 걱정하실 수 있지만 아이는 그런 것을 느끼지 못할거예요.

아이가 어머님이 한글을 읽어주거나 써주시는 것을 참 좋아한다는 말씀에 미소가 절로 지어집니다. 미취학 아동의 한글교육은 꼭 학습지나 학원을 통하지 않더라도 괜찮습니다. 가까운 엄마, 아빠부터, 유치원이나 어린이집의 신발장에 붙어 있는 이름표 등을 보면서 한글 자형에 익숙해지기 시작하는 것만으로 충분합니다. 현재 유아표준교육과정인 누리과정에서도 그렇게 제시하고 있고요.

정서적으로 충분한 교감과 의사소통을 해주신다면 그것이 자양분이 되어 나중에 무리 없이 스스로 한글을 뗄 수 있고 성취감도 느끼게 될 것입니다. **정 걱정되신다면 초등입학을 앞둔 한두 달 전에 가정에서 학습을 시작해보세요.** 머리가 더 단단해지고 무르익어서 더 쉽고 빨리 한글을 뗄 수 있을 거예요. 지금까지 잘 해오셨듯이 앞으로도 아이를 잘 살피시고 이야기도 많이 나누면서 아이와 함께 성장하는 엄마가 되시기를 바랍니다.

아이가 스마트 학습지에 흥미를 보여요

Q. 6세와 4세 두 딸을 키우며 일을 하는 워킹맘입니다. 사교육 안 시키고 자유롭게 키우고 싶은 마음은 있으나 주변의 환경에 영향을 많이 받는 사람이라 참 어렵게 느껴집니다.

첫째는 성향이 차분하고 정적이라 가만히 앉아서 그림 그리고 글씨 쓰는 걸 좋아합니다. 한글에 관심이 많아 하나둘 쓰고 읽고 하더니 스스로 많이 떼서 제법 읽는 편입니다.

그런데 어제 놀이터에서 학습지 회사 직원들이 풍선을 나눠주면서 아이들에게 학습지 체험을 시켰어요. 태블릿으로 하니 아이가 재미있어 하고 좋아했습니다. 주변 친구들이나 엄마들에게 물어보니 그런 학습지를 많이들 하고 있더라고요. 관심 있어 할 때 해주라고 하는 엄마도 있고요.

억지로 공부를 시키는 건 정말 아니지만, 하고 싶은데 안 시켜도 괜찮은 건지 혼란스럽습니다. 어떻게 하는 게 좋을지 조언 부탁드립니다.

A. 반갑습니다. 여자아이 둘을 키우는 워킹맘이라고 소개해주셨네요. 첫째 아이가 학습지를 하고 싶어 하는 것이 계기가 되어, 학습지를 시켜야 하나 말아야 하나 고민이 되어 글을 올리셨고요.

어머님은 아이의 성향을 잘 파악하고 계시는 것 같고, 좋아하는 것을 할 기회를 주신다는 생각이 드네요. 아이를 키우는 건 어머님이 하고 계신 것처럼, 내 아이의 성향이 어떤지, 무엇을 좋아하는지 잘 파악하는 게 우선인 거 같아요. 그리고 아이에게 성향대로 좋아하는 것을 할 수 있도록 해주는 것이 부모의 역할이겠지요.

어머님, 아이들을 사교육 안 시키고 자유롭게 키우고 싶으나, 주변의 영향을 많이 받는다고 하셨지요? 아마도 모든 부모가 그럴 거라는 생각이 들어요. 하지만 아이를 자유롭게 키우고 싶어 하는 어머님의 교육관이 우선입니다. 사교육을 시키고 안 시키고는 목표가 아니라 수단이라고 생각해요. **어떤 때는 사교육을 시키는 게 아이를 자유롭게 키우는 데 도움이 될 수도 있어요. 다만 사교육을 하려고 할 때 여러 가지를 고민해보아야 하지요.**

지금 같은 경우는 아이가 하고 싶어 한다는 사실이 가장 고민이 되는 지점이라고 생각해요. 그런데 아이의 흥미가 얼마나 지속될지도 생각해 봐야지요. 아이가 하고 싶어 해서 시작을 했는데, 막상 하고 나니 얼마 못 가 하기 싫어하기도 하거든요.

태블릿 학습을 아이들이 흥미 있어 하는 것은 어쩌면 당연합니다. 하지만 스마트기기를 활용한 수업에 과도하게 노출되면 아이들이 계속 더 흥미롭고 자극적인 시청각적 콘텐츠를 찾게 되는 부작용이 있을 수 있어요. **오히려 종이책 같은 단순한 형태의 책 읽기, 부모님의 목소리로 전달되는 정서적 교감과 의사소통의 시간을 더 많이 가져보시는 것이 현재 아이의 연령대에 필요한 활동으로 생각됩니다.**

아이가 클수록 지금 같은 고민들을 계속하게 됩니다. 그때마다 방법은 늘 같다고 생각해요. 아이와 이야기 나누고 최선이라고 생각되는 것을 선택하기. 결과적으로 그 선택이 최선이 아니더라도, 아이와 함께 대화하며 선택하는 과정이 아이와 부모 모두를 성장시키고, 함께 사랑하며 사는 방법을 배우게 한다고 생각합니다.

제가 직장을 다니는 게 옳은 일일까요?

Q. 22개월 여자아이를 아파트 내 가정어린이집에 보내고 있습니다. 저희 아이는 18개월 때부터 10시~4시까지 그곳에 다니고 있어요. 낯가리는 것에 비해서는 일주일 만에 적응했습니다.

그런데 제가 내년에 직장에 들어갈 기회가 생겼는데, 그럼 아이를 7시에 하원시켜야 해요. 주에 며칠은 친정어머니나 남편이 데리러 갈 수 있지만, 어린이집 아이들은 대부분 4시 반이면 모두 하원해서 못 데리러 가는 날은 아이 혼자 있어야 하는 상황입니다.

원장님은 놀이터에 데리고 나가면 어린이집 아이들이 다 있으니 걱정하지 말라고 하시는데 아이가 스트레스를 많이 받을까 걱정입니다. 지인들에게 부탁해볼까도 생각하고 있어요. 신랑은 대출을 받더라도 조금 더 데리고 있는 게 어떻겠냐고 하는 상태고요.

저는 사실 일을 해야지 생각했어요. 집안 사정상 맞벌이를 꼭 해야 할 것 같았거든요. 2~3년 바짝 일하고 그 뒤로는 집에 있어줘야지 했는데 사교육걱정없는세상을 알게 되면서 생각이 많아졌습니다. 제 교육관은 교육보다 아이와 함께 마음껏 놀기인데 현실 앞에서 흔들리기 시작하니까요.

내년이면 3세 되는 아이에게 어린이집에서의 긴 시간이 안 좋을 수도 있을까요? 집에 더 데리고 있는 게 좋을지, 종일반에 보내도 괜찮을지 궁금해요. 지혜롭게 결정할 수 있게 조언 부탁드려요.

A. 안녕하세요? 올려주신 글을 읽는 내내 마음이 무거웠습니다. 한창 애교를 부리고 엄마한테 이쁜 짓을 할 따님을 타인의 손에 맡겨놓아야 할 때 부모로서 드는 무력감이나, 친구들은 집에 갔는데 남아야 하는 따님의 마음을 상상하면 같은 엄마로서 가슴이 먹먹해집니다. 사상 최저 인구 증가율이다, 인구 절벽이다, 말만 하지 말고 세계 최저 출생률을 못 벗어나는 이 형국에 대한 획기적인 대안을 내놓으라고 으름장이라도 놓아야 할 때가 아닌가 싶습니다.

답변을 드리기에 앞서, 이 답변이 적절한지에 대한 고민이 많았다는 점 알려드리고 싶습니다. 상담글을 읽으며 어머님께서 얼마나 아이를 염려하고 사랑하고 앞으로 잘 키우기 위해 애쓰시는지 느낄 수 있었어요. 어머님의 경제적 사정을 정확히 모르는 가운데 제 경험을 비롯한 조언들이 혹여 선택에 부담만 드리게 될까 조심스럽습니다. 모든 조언은 참고사항으로만 읽어주세요. 선택과 판단의 주체는 어머님이십니다.

제 이야기를 해드리자면, 결혼과 동시에 남편은 입사했고 저는 전업주부로 아이를 돌보았습니다. 당시에 기록했던 가계부를 보면 아이에게 사 먹인 요구르트 하나, 길 가다 붕어빵 먹은 돈을 10원 단위까지 세세하게 기록해두었더군요. 저는 그 시절 왜 그리 꼼꼼했을까요? 제가 돈을 벌 수 없었기 때문이었습니다. 그런데 그것은 제가 한 선택이었습니다.

맞벌이 부모님 슬하에서 자란 저는 어느 순간부터 '아이는 엄마가 키워야 한다'는 생각을 강하게 하게 되었습니다. 항상 바쁜 엄마를 보며 얻게 된 저만의 신조인 셈입니다. 남편의 월급만 보면 저 역시 벌이를 하는 편이 나았습니다. 그런데 저는 돈을 벌 생각을 못 하고, 안 했습니다. 너무 바보스러울 정도로 어린아이를 맡기는 것에 거부감이 있었던 것 같기도 합니다. 남들은 저를 보고 궁색하게 산다고 했을지도 모르겠습니다.

그렇다면 제 상황이 부끄러웠느냐? 전혀 그렇지 않았습니다. 오히려 해야 할 일을 하고 있다는 생각에 자존감이 높아졌습니다. 현재 저는 세 아이를 두고 있고 그 아이들을 키우면서 육아를 공부하게 되었습니다. 그리고 아이의 성장 과정에서 부모가 아이를 돌봐야 할 필요기간이 있다는 것을 알게 되었습니다.

법륜 스님은 저서《엄마 수업》(휴, 2011)에서 직장생활을 하는 엄마를 둔 아이의 경우 어릴 때는 별문제 없어 보이지만, 사춘기가 되면 문제가 생길 수 있다고 말했습니다. 그럼 나중에 힘들게 직장 다니며 일한 엄마 본인만 억울하고 괴로워지지요. 그러면서 3세 때까지는 엄마가 아이를 돌봐야 한다고 말합니다.

다만 이때 주의해야 할 것이 있습니다. 다닐 수 있는 직장을 포기한 이유가 아이를 위해서였다고 생각하면 조금만 힘들어져도 아이에게 원망이 생기고 화가 나게 된다는 것입니다. 그렇기에 **직장과 육아의 선택에서 육아를 선택한 이유는 아이 때문이 아니라 그것이 그저 부모의 본분이니까 선택한 것이어야 합니다.**

이 시기 아이에겐 "어떤 경우에도 엄마는 내가 우선이다"라는 생각을 심어주는 것이 중요합니다. 그렇게 되면 정신이 건강한 아이들로 자라게 되겠지요.

다만 경제적 문제가 너무 심각한 상황에선 미래에 드러날 수 있는 문제를 예방하고자 논한다는 것이 사치일 수 있습니다.

지금까지는 "아이를 직접 돌보는 것이 아주 불가한 상황이 아니라면 3세까지는 최대한 부모가 아이를 돌보는 것이 지혜로운 것이다"는 전제로 말씀드렸지만, 이렇게 할 수 없는 경우도 분명 있습니다. 그러면 엄마의 사랑과 정성을 대신해줄 수 있는 좋은 인연을 찾도록 해야겠지요. 자녀가 어릴수록 프로그램이나 외형적인 조건보다 아이들을 사랑하는 마인드를 가진 선생님의 자질을 우선으로 보아야 할 것입니다.

어머님, 아이를 키운다는 것은 결국 나를 성장시키는 일인 것 같습니다. 흔들림 속에서 바른 판단을 하고자 하는 노력이 계속 쌓이다 보면 언젠가 성장한 자신과 가정을 느끼게 될 것입니다. 어머님이 어떤 선택을 하시더라도 그 선택은 어머님의 상황에서 최선일 것으로 생각합니다. 그러니 스스로의 선택을 믿으시길 바랍니다.

한글에 흥미를 보이는 아이, 일단 학습시켜야 할까요?

Q. 안녕하세요. 6세 남아의 엄마입니다. 저희 아이는 요즘 한글에 관심이 많습니다. 제가 딱히 책을 읽어주지도 않는데 갑자기 어디선가 공부를 해옵니다. 사람들이 저보고 슬슬 학습지를 시작해보라며 권유하지만, 여유롭게 가르치고 싶어 아직 시작하지 않았어요.

아이는 요즘 한글을 읽는 게 너무 재밌는지 이제 슬슬 간판 같은 걸 보면서 읽으려 노력합니다. 하지만 역시 우리 아이답게 배우고 싶은 날만 배우고 싶어 해요. 그런데 학교는 골라서 수업할 수 있는 곳이 아니잖아요. 아이에게 한글을 꾸준히 가르쳐야 하는 건지, 아니면 배우고 싶은 날에만 가르쳐야 하는지 궁금합니다. 그리고 이렇게 하나씩 가르치다 보면 초1 과정은 다 가르칠 것 같은데 알게 모르게 선행학습이 될까 걱정도 됩니다.

A. 6세 한글 공부에 대해 궁금한 점이 있으셔서 글을 올리셨네요. 따로 한글을 가르치지 않았는데 한글에 관심을 보이고 읽는다니 대견하고, 아는 글자를 읽으며 눈을 초롱초롱 빛낼 모습이 떠올라 저절로 미소 짓게 됩니다.

어머님은 아이가 아직 본격적인 공부라는 걸 할 나이가 아니기에 천천히 하려 하시네요. 선행학습을 해서 흥미를 잃게 하고 싶지 않은 마음도 있으신 것 같고요. 주변에선 잘하는 아이니 더 해야 한다거나, 지금도 늦었다거나 같은 말을 할 수도 있겠습니다.

우선 초등에 한해서만 말씀드릴게요. 저는 올해 고등학교를 졸업한 아들이 있고 주변 아이들에게 공부를 가르치는 학교 밖 선생님입니다. 아이가 어린이집을 다니며 읽기와 쓰기를 했지만 일일이 봐줄 시간이 없었어요. 제1양육자였던 어머님이 아무것도 안 시키냐고 하셔서 정말 아무 생각 없이 국어와 수학 학습지를 시켰지요.

하지만 한글을 떼고 나선 국어 학습지를 그만두고, 수학 학습지마저도 학교 가서 무슨 재미로 배우나 싶어 그만뒀습니다. 그리곤 초등학교 진도에 맞춰 문제집 1권으로 예·복습하는 게 전부였는데 다행히 잘 따라갔어요.

어떤 어머님은 한글을 가르치지 않는 공동육아를 보내서 6세에 잠깐 한글 공부를 시도했는데 아이가 관심을 보이지 않아서 접었다고 합니다. 이후 학교 들어갈 때, 본인 이름 석 자 겨우 쓰는 정도에서 들어갔고, 한 학기 동안 집에서 좀 더 보충학습을 했다고 해요. 받아쓰기도 학교에 한글 못 떼고 온 아이용이 따로 있었고, 담임선생님도 신경을 많이 써주셔서 2학기부터는 다른 아이들과 같은 받아쓰기용으로 시험 볼 정도가 되었고요.

너무 염려 마시고 지금처럼 한글에 관심을 가지고 간판 보고 읽고, 과자 이름 읽는 정도로 즐겁게 익히면 좋겠어요. 만약 쓰기를 하고 싶으시다면 이름 정도 쓰고 그마저도 7세 하반기에 하셔도 충분해요. 아이들은 아직 소근육이나 손의 힘이 다 발달하지 않아서 쓰기가 쉽지 않거든요.

아이들은 배움엔 거부감이 없다고 합니다. 단지 가르치려고 할 때는 싫어하죠. 가르치려다 아이가 오히려 한글을 싫어할 수 있어요. 밤에 잘 때 잠자리 독서로 그림책 읽어주기 정도만 하셔도 한글 익히는 데 도움이 되고, 무엇보다 엄마와 정서를 나누는 시간이 되지요. 그런 시간은 커서도 기억한답니다.

6세 남자아이 쫓아다니기 힘들지 않으세요? 아이보다 엄마의 정서가 우선이니 잘 드시고, 염려와 우려보다 믿음과 지지로 키워주세요. 그러면 아이들은 정서가 안정되어 어려움이 와도 이겨내요. 지금처럼 하시면 충분합니다.

공립유치원에 접수했는데 고민돼요

Q. 내년 6세 되는 남아를 키우며 직장에 다니는 엄마입니다. 아이가 어렸을 때부터 학습 위주의 교육을 하면 아이의 뇌가 경직되어 창의력과 상상력에 도움이 안 된다는 생각을 하고 있었어요. 그래서 놀이 및 인성 위주의 유치원에 가려고 대학 부설 유치원에 추첨 접수를 했습니다.

그런데 추첨 기간 중 지역 엄마들의 온라인 사이트에서 정보를 좀 얻어 볼까 기웃거리다 나도 모르게 학습 위주의 유치원 정보를 얻게 되었습니다. 심지어 설명회도 참석해서 추첨 접수를 했지요. 그 와중 언제 대기했는지 기억도 나지 않는, 집에서 도보로 갈 수 있는 국공립어린이집에서도 입소 가능하다고 연락이 왔습니다. 결국, 여러 지인의 의견도 수렴하고 나름의 고민에 고민을 거듭해서 국공립어린이집에 입소원서를 넣었습니다.

그러나 사실 저는 아직도 내적갈등을 겪고 있습니다. 원에 가서 친구들과 사회생활을 하는 당사자는 아이인데, 아이만 좋고 행복하면 되는데 저는 왜 이러고 있을까요?

'내가 유치원 자부심을 가진 엄마인가? 대학 부설 유치원이 뭐라고… 유치원 안 나오고 어린이집 다니면 학습이 떨어지나?' 하는 생각이 자꾸 듭니다. 심지어 온라인 사이트에서 사교육 관련해 서로 정보를 교환하는 내용을 보면 '내가 너무 아이의 학습을 방임하는 것은 아닌가?' 하는 생각까지 들어요.

앞으로 초등학교, 중학교, 고등학교, 대학교까지 갈 길도 먼데 지조 없이 흔들흔들하는 제가 무섭습니다. 제가 문제인가요?

A. 안녕하세요? 고민의 깊이가 남다른 어머님 글을 보며 살짝 감동하였습니다.

질문에 대한 답부터 먼저 드리면 어머님은 전혀 문제가 없으십니다. 오히려 좋은 엄마가 될 훌륭한 자질을 갖추셨지요. 질문을 보면 사람이 보인다고 하는데, 아마도 어머님은 시류에 휩쓸리는 교육은 지양하고 바른 방향의 교육철학을 실천하고자 노력하는 분일 것입니다.

대한민국 부모들 중 처음부터 흔들리지 않는 사람이 얼마나 있을까요? 저 또한 참으로 많이 흔들렸던 것 같습니다. 기성세대의 학벌, 학력 프리미엄 효과를 직간접적으로 느낀 것이 크게 작용했기 때문입니다. 그래서 그것을 얻어야만 우리 아이들이 살아갈 수 있다고 생각했습니다. 그걸 얻으려면 우리 입시가 과도한 경쟁을 부추기는 비인간적인 제도라는 걸 외면하고 적응해야 했지요.

그런데 어머님, 세상은 이미 많이 달라지고 있습니다. 최근엔 수능 절대평가 도입을 두고 치열하게 찬반 공방이 있었고 지금도 진행중이지요. 그런데 중요한 것은 불과 몇 해 전만 해도 수능 절대평가는 상상하기 힘든 일이었다는 겁니다.

계속해서 발표되는 정부의 최근 입시와 교육의 방향에 대해 대충만 훑어도 교육철학이 변화하고 있음을 쉽게 알 수 있습니다. 대입제도를 단순화하고, 수능 시험의 절대평가화를 통해 수능 시험의 자격을 고사시키려 하며, 고교 내신의 절대평가화를 통해 고교 교육을 정상화시키려 하고 있지요.

경쟁을 완화하고 학생들의 비판적 사고와 고차원적 사고력을 키우기 위해 교육의 힘을 끌어모아야 한다는 방향성이 세워지고 있습니다. 기존의 암기식, 학원식의 획일적 학습 교육 형태가 빛을 발하는 시대는 끝을 보이고 있습니다. 그런 현상으로 대표적인 것 중 하나가 고학력, 고학벌 청년 실업의 증가 아닐까요? 실력이 담보되지 않는 학력과 학벌은 앞으로 그 의미를 찾기 어려울 것입니다.

5세 자녀를 두신 분께 웬 입시 그리고 청년 실업의 얘기인가 하실 수도 있겠습니다. 그렇지만 어머님, 아드님은 적어도 20년 후에야 사회로 진출할 것입니다. **미래 핵심 역량에 해를 끼치는 교육을 성적 때문에 집중적으로 시킨다면 자녀에게 맞지 않는 신발을 신고 달려보라고 하는 것과 같겠지요.** 변화가 예고된 세상입니다. 부모건 아이건 멀리 보려 하고 큰 그림을 그려야 할 때입니다. 자녀가 어릴수록 더욱 그런 점이 요구되겠지요. 기존 패턴의 과도한 학습은 오히려 미래 세대에겐 독이 될 수 있습니다.

장기적인 안목을 가지면 불필요한 유혹 앞에 흔들림이 덜하게 됩니다. 의혹이 생기면 잠시 멈추셔서 생각해보세요. '내 자녀에게 정말로 필요한 교육인가?' '시대에 맞는 교육인가?' '내 교육관과는 일치하나?'

"미래를 예측하는 최고의 방법은 미래를 창조하는 것"이라고 스웨덴 사상가 엘렌 케이는 말했습니다. 모든 아이에겐 나름의 미래가 있습니다. 아드님에게도 아드님 고유의 미래가 있습니다. 남이 하니까 하는 교육이 아니라 아드님에게 맞는 교육을 앞으로 차차 찾아야 할 것입니다.

또, **학습을 적극적으로 시키지 않는다 하여 학습 방임이라 말하긴 어렵다고 생각합니다. 요즘 시대의 학습 방임이란 자녀의 소질과 적**

성 관찰에 무관심하거나 그것을 알면서도 무시하고 부모의 뜻대로 밀고 나가는 것이 아닐까 싶습니다.

아드님도 어머님도 가능성이 무궁무진합니다. 절대 서두를 필요가 없습니다. 취학 전 아드님은 학습보다 부모의 사랑과 관심이 더욱 중요합니다. 그리고 그것은 아드님의 건강한 어린이집 생활의 기본이 되어 줍니다.

학습적인 부분이 고민이시라면 어린이집에서 배워온 주제를 일상에서 간간이 물어주며 짧은 대화를 나눠보세요. 아이 배움에 관심을 표해줌으로써 아이는 배우고 알아가는 행위에 좋은 느낌을 가질 것입니다. **배운다는 것, 안다는 것의 즐거움을 알게 돕는 것만큼 좋은 교육은 없습니다.**

집에서 가까운 국공립어린이집 선택은 제 경험으로도 잘하신 것이라 판단됩니다. 그런데 어린이집 결정 과정 중에 내적갈등을 겪고 계신 것 같은데요. 나름대로 소신 있는 교육관을 가지신 분들이라 해도 선택을 할 때는 망설입니다. 잠시 멈춰서서 따져보고 최대한 옳은 방향으로의 선택을 위해 저울질합니다.

혼란스러울 때면 어머님도 잠시 멈춰서 무엇이 옳은지 생각해보시고, 쉬 답을 낼 수 없다면 시간을 두고 답을 찾아가시면 어떨까요? 좋은 교육에 대한 공부도 하시면서요. 남의 시선을 두려워하지 않고 줏대 있는 교육관을 실천하려면 공부가 필요합니다.

"아이 나이가 곧 엄마 나이"란 말이 있지요. 아이가 5세면 엄마

나이도 5세, 즉 자녀와 굴곡의 시간을 보내면서 부모의 가치관, 교육관도 함께 성장한다는 것입니다. 굴곡을 거칠 때마다 분명 어머님은 지금처럼 성찰하고 깨달으려 하시겠지요? 몇 년 후의 어머님의 모습이 기대되는 이유입니다.

초등학교 입학을 앞두고 올바른 교육관 세우기가 어려워요

Q. 안녕하세요, 초1 입학 예정인 남아를 키우고 있습니다. 저는 사교육걱정없는세상의 오랜 회원이자 팬이에요. 강의도 듣고, 책도 보며 열심히 배워왔습니다.

그런데 아이 입학을 앞두고 교육철학이 뿌리째 흔들려요. 아이와 어떻게 협력하고 삶을 가꾸어 나갈 것인가를 고민하면서 큰 그림을 그리고 있다고 생각했는데, 참 어이없지요?

이웃에 친한 친구가 사는데, 아이들이 반듯하게 예쁘게 건강하게 자라는 걸 보면 참 잘 키우는 것 같아요. 그러니까 친구가 경험으로 체득한 정보를 말해줄 때 그대로 하고 싶은 거예요.

그 친구는 1학년부터 영어학원을 쭉 보내라고 합니다. 엄마가 꼼꼼하게 챙기면서 공부가 무엇인지 인식시키고, 그러면서 계속 학습을 시키라는 거지요. 사교육비도 부담스럽고 아이의 소중한 시간을 빼앗기도 싫지만, 괜한 내 주관으로 아이의 능력 발휘를 막는 게 아닌가 싶어서 친구 말대로 하고 싶어져요.

드디어 내 교육관을 점검하는 시기가 왔나 봅니다. 지나고 나서

보면 아무 일도 아닌데, 왜 이리 고민의 크기가 큰지 모르겠네요.

아이는 영어학원도 재미있어 보인답니다. 호기심도 많고 의욕도 많은 아이라서 잘 따라갈 것 같은 느낌이 들어요. 학원비도 부담스럽지만 그 정도는 지출할 수 있다는 생각도 드니, 이게 생각 없이 대세를 따를 상황인 거예요. 아이 아빠도 그냥 한 달 보내보자 합니다. 다른 엄마들도 다 현명하게 고민하고 선택하는 건데, 적당히 따라가는 것도 괜찮다면서요.

지금 저의 고민은 영어학원을 보내냐 보내지 않느냐가 아니라 올바른 가치관을 세우느냐 마느냐인 듯합니다. 대한민국의 학부모 문화에서 중심 잡기가 쉽지 않네요. 조언 부탁드려요.

A. 안녕하세요. 어머님! 어머님의 상담 글이 왠지 낯설지가 않네요. 저의 지난 모습을 소환해서 만나보고 있는 느낌이 들어서일까요?

초등학교 입학을 앞두고 흔들리며 저희를 찾아오시기까지의 어수선한 감정도 잘 알겠습니다. 하지만 모든 이론이 현실에 그대로 적용될 수는 없잖아요. 고려해야 할 변수들이 많으니까요. 이러한 갈등을 자기 생각이 투철하지 못해서 생기는 잘못으로 여기지 않으셨으면 합니다.

지금은 초등학교 입학이라는 상황에 적용해보셔야 하지만, 앞으로 더 많은 요소들이 눈에 띄면서 문제가 훨씬 더 복잡해지겠지요. 그러면서 더 흔들리고, 자녀를 향한 욕심도 생기고, 자책하고, 아이에게 상처도 주는 상황들이 계속될 거예요.

그렇다고 그 갈등을 먼저 피하게 도와드릴 수는 없을 것 같습니다. 이 과정을 통과해야만 정반합의 완성을 이룰 수 있기 때문이지요.

학원에 보내느냐 마느냐의 결정은 전체 과정에 비하면 어머님의 말씀대로 아주 미미하고 사소한 문제일 수도 있지만, 기본적인 방향 잡기에 굉장히 중요한 출발점이 될 수 있습니다.

어머님은 지금 왜 영어학원에 등록하는 것에 대해 갈등을 겪고 계시는 걸까요? 영어를, 좀 더 넓게는 공부를 잘했으면 하는 마음이 있는 것 아닐까요?

영어라는 도구는 모든 학문을 할 때 기본이 되는 언어입니다. 아무리 통번역기가 발달한다 해도 직접 말하는 것을 능가할 수는 없을 겁니다. 그러한 가치를 보아서라도 영어 공부는 필요합니다. 어머님도 그 생각에 동의하시기에 학원에 보내는 문제를 놓고 고민하고 계시는 것이겠지요?

공부를 해야 한다는 것에 동의하신다고 가정하면, 다음은 어떻게 공부하게 할 것인가의 문제가 남습니다. 이 부분에서 우리 단체(사교육걱정없는세상)에서 공부한 결과물이 나와야 합니다.

학원에 보내면 엄마는 편합니다. 하지만 모든 공부를 학원에 의존할 필요는 없습니다. 특히 영어는 설령 엄마가 영어를 못하더라도 집에서 공부할 방법이 많고, 실제로 그 방법을 통해 학원에 다니지 않고도 공부하는 예도 많이 존재합니다. 물론, "사교육은 무조건 나쁘다"가 아니라 우리 아이에게 적합한 공부 방법이 무엇인지 시행착오를 겪으면서 결정해야 합니다.

먼저 시행착오를 겪으면서 경험한 자로서 조언을 드리자면 사교육에 대한 반감을 갖고 계실 필요는 없습니다. **필요하다면 언제든지 사교육의 도움을 받을 수도 있다고 생각하되 그 시기는 아이가 원할 때, 그리고 혼자 하기에 벅찰 때 등으로 조건을 세부적으로 만들어 두는 것도 도움이 됩니다.** 저는 너무 이분법적으로 생각하는 바람에 학원의 도움을 받았으면 했던 시기에 아이가 더 강력하게 거부하는 안타까운 상황도 겪어야 했습니다.

공부를 등한시하고 놀이만, 영어를 등한시하고 한글만이라는 생각보다는 둘 다 균형 있게 이끌고 나가셔야 아이가 지치지 않고 공부를 잘 따라갈 수 있습니다. 초등학교 때를 공부하는 방법과 공부하는 습관을 서서히 잡아주고 같이 노력하는 시간으로 삼으시면 좋겠습니다. 그리고 아이가 무엇을 하고 싶어 하는지를 끊임없이 관찰하면서 그 끈을 놓지 말고 쫓아가시기를 바랍니다. 아이의 특성을 존중하면서 공부든 놀이든 할 수 있도록 도우셔야 합니다.

그러려면 인성이 바른 아이로 키워야 하겠지요. 인성은 어떻게 기를 수 있을까요? 말할 것도 없이 부모의 바른 인성을 통해 배울 수 있습니다. 엄마 아빠가 먼저 행복해야 합니다. 아이만 먼저 놓기보다는 배우자를 배려하고 사랑하는 모습을 보여주세요. 그래야 아이가 사랑을 배우고 배려를 배우며 그 속에서 인성이 바르게 자라나고 올바른 꿈도 갖게 될 것입니다.

올바른 꿈이 생기면 아이는 저절로 공부합니다. 그때 결여된 부분이 보이거나 혼자서 벅차하면 사교육의 도움을 받으면 됩니다.

마지막으로 정리를 하자면, **학원을 선택하기에 앞서 무조건 스스로 공부해보기를 추천합니다.** 학원에 다닌다고 해서 수동적으로 되는 것이 아니듯이 집에서 한다고 무조건 주도적으로 되는 것은 아닙니다. 하지만 학원에 다니면서 공부하면 혼자 공부를 할 때에 비해 질문이나 고민의 과정에 노출될 시간이 부족하고 깊이도 얕을 수 있습니다.

혼자서 공부할 때, 매체나 교재 등을 충분히 활용하고 혼자 계획도 세우고 수정도 하면서 나아가면 잠재력을 키울 수 있습니다. 학원에서 시험 위주의 공부를 하는 아이들보다 점수가 좀 떨어질 수는 있지만, 혼자 고민하고 질문을 품으면서 공부하는 아이들은 대학에 가서 공부할 저력을 단단히 다질 수 있지요.

간단하게 생각해보세요. 학원에 보내는 이유는 혼자서 공부할 때보다 더 잘할 수 있다고 믿기 때문이잖아요. 그렇지만 혼자서도 얼마든지 잘할 수 있으니까 불안해하지 않으셨으면 좋겠습니다.

영어에 대해 제가 드릴 수 있는 팁은 영어책으로 집에서 시작하라는 것입니다. 저는 꾸준한 영어책 읽기가 학원에 다니는 것보다 장기적으로 실력을 쌓기에 단연코 좋은 방법이라고 확신합니다. 자세한 방법에 대해서 어머님은 이미 잘 알고 계실 것 같아요. 사교육 걱정없는세상을 통해 워낙 열심히 공부하셨으니까요.

마지막으로, 어머님은 학부모이기 이전에 부모이자 엄마임을 기억하세요. 돌이켜보니 저는 학부모 역할에만 몰입해 있었라고요. **"아이의 공부를 위해서 중간에 도움이 필요할 때 사교육을 받아도 좋았겠다"는 아쉬움으로 남지만 아이에게 상처를 주고 마음 아프게 했던 것은 죄책감으로 남습니다.**

어머님은 그렇게 되지 않기 위해서 경계하고 계시니 걱정하지는 않겠습니다. 누구보다 열심히 공부하고 계셨으니 이제 현실에 맞는 응용력을 잘 발휘하시리라 믿습니다.

6년을 앞둔 학부모님께

문경민 초등학교 교사

육아 고민은 답을 찾기 어렵다. 아이마다 특질이 다르고 성장 환경도 다르기 때문이다. 옆집 아이에게는 정답인 것이 내 아이에게는 오답이다. 당연한 이치이고 남들에게 쉽게 건네는 말이지만 나에게 적용하기는 어렵다. 내 아이를 학교에 보내는 입장이 되면 불안하다. 나는 내 아이를 잘 키웠는가, 학교에 가서 별 탈 없이 지낼 수 있을까, 내가 보기에도 부족한 게 많은데 학교 가서 기죽어 오지나 않을까, 고민이 많다. 내 아이가 모자라 보이는 게 다 부모인 자신 탓인 것만 같다.

학교가 좋아하는 학생이 아니더라도 괜찮다

학교가 좋아하는 학생은 차분하다. 어른의 지시에 순응한다. 자기 주장을 하기보다는 다른 사람의 이야기에 귀를 기울인다. 글씨가 반듯하고 그림도 잘 그린다. 친절하고 잘 웃고 친구들과 싸우지 않는다. 책 읽기를 좋아하고 주어진 과제를 다 마무리한 뒤에 즐겁게 논다. 옷차림이 깔끔하고 이것저것 가리지 않고 잘 먹는다.

규칙을 잘 지키고 인사를 잘하며 눈빛이 온순하다. 성실하고 주변 정리를 잘한다. 발표를 잘하고 조리 있게 말을 잘한다. 수업 시간에 딴짓하지 않고 교사의 말에 귀를 기울인다. 공부까지 잘하면 그야말로 '엄지 척'이다. 교사들은 이런 학생을 두고 "걔 정말 괜찮아"라고 말한다.

이와 같은 생활 태도와 학습 태도는 길러지는 측면보다는 타고나는 측면이 더 강해 보인다. 초등학교 1학년 교실에서 이런 학생은 두 명, 많아 봤자 세 명이다. 특히 남학생 중에 위와 같이 생활하는 학생은 드물다. **자기 아이가 그런 완벽한 부류에 속하지 않는다고 해서 초조해할 필요는 없다. 저마다 자기 삶을 잘 살면 된다.**

1학년이 되는 내 아이의 기질이 학교가 좋아하는 학생상과 맞지 않아 불안할 수 있다. 당연한 일이다. 불안은 부모 잘못이 아니다. 그렇다고 학교 잘못도 아니다. 학교는 사회화시키는 기관이고 위와 같은 기질을 선호하는 것이 딱히 나쁜 일도 아니다. 아이를 입학시킬 때는 어느 정도 각오하는 게 현명하다. 학교 가면 고생 꽤나 하겠구나, 그렇게 생각하자. 고생은 당연하다. 사교육으로 어찌해볼 수 있는 영역이 아니다.

아이와 부모가 잘 사는 것으로 충분하다

초등학교에서 1학년 아이들에게 글쓰기 과제를 내준다며 한글 떼고 들어가야 한다는 말들이 돈다. 한글을 떼고 들어온다고 해서 나쁠 것은 없겠지만 아이 기질을 무시해가며 무리할 필요는 없다. 넉넉히 두고 보자. 3학년 아이 중에 한글을 모르는 아이는 없다. 글씨의 차이, 글 분량의 차이, 깊이의 차이는 있을지언정 못 쓰고 못 읽는 아이는 없다.

한글 일찍 뗐다고 6학년 때 좋은 글을 쓰지 않는다. 행여 학교에서 1학년 학생에게 어려운 과제를 내준다면 어떻게 해야 할까? 못 해가면 그만이다. 그래도 아무 일도 벌어지지 않는다.

입학 전에 일정 학습 수준을 이룬 아이들도 있을 것이다. 부모의 불안을 덜어주는 효자, 효녀이다. 하지만 내 아이가 그런 아이가 아니라고 해서 걱정하지는 말자. **초등학교 입학 전에 갖춘 학습 기반이 초등학교 졸업 이후의 학업 성취로 이어지는지는 확실하지 않다.** 1학년 때는 이걸 해야 하고, 2학년 때는 저걸 해야 하고, 3학년 전에는 이런저런 것들을 끝내야 한다는 말도 돈다. 당연히 사교육비가 든다.

현장 교사 입장에서는 답답한 일이다. 타고난 능력 외의 것들을 무리해서 아이에게 얹어봐야 큰 쓸모가 없다. 아이들은 금방 까먹는다. 아이들에게 중요한 건 잘 사는 것이지, 무엇을 얼마나 익혔느냐가 아니다. 부모는 아이와 함께 잘 살면 된다. 부모와 아이가 잘 사는 것으로 충분한 시절을 보내시라. 초등학교는 정말이지 그래도 된다.

어린 시절부터 사교육을 받은 아이들을 교실에서 종종 만나곤 한다. 하지만 사교육을 받은 아이와 받지 않고 자란 아이 사이에 큰 차이를 느끼지는 못했다. 교사의 관점에서 잘하는 아이와 그렇지 못한 아이가 눈에 띄기는 하지만, 그것이 아이의 특질 때문인지 사교육 때문인지는 아리송하다. 다만 어려서부터 학원을 돌아다니는 아이들은 어딘지 모르게 티가 난다.

6년은 변화하기에 충분한 시간이다

6년은 길다. 초등학교에 갓 입학하는 아이들에게는 살아온 시간 전부와 맞먹는 시간이다. 아이들은 정말 많은 변화를 겪는다. 그 변화는 대개 성숙으로 이어지는데, 그 성숙의 방향과 부피는 아이마다 다르다.

어떤 아이는 수학을 잘하는 아이로 자라는가 하면 어떤 아이는 체육을 좋아하는 아이로 자란다. 어떤 아이는 토마토를 못 먹는 6학년 아이로 자라기도 한다. 전혀 예상치 못했던 장점이 튀어나오는가 하면 다른 아이들과 함께 있을 때만 드러나는 단점을 발견하게 되기도 한다.

어릴 때부터 학원에 보내지 않으면 뒤처지지 않을까 염려하는 마음이 생길 수 있다. 이해는 가지만 그런 마음을 내려놓으면 좋겠다. 적어도 영유아 시기만큼은 사교육에 눈 돌리지 않았으면 한다. <u>**누구나 내 아이가 공부 잘하는 아이로 자라기를 바라지만 아이들은 공부 잘하는 아이와 공부 못하는 아이로 나뉘지 않는다.**</u> 저마다 자기가 좋아하고 잘하는 일을 찾아가야 할 아이들로 봐주면 좋겠다.

한 학년 한 학년 올라갈 때마다 아이는 변한다. 좋은 일도 많지만 어려운 일도 생긴다. 좌절하기도 하고 상처도 입는다. 간혹 어려운 상황도 마주하게 된다. 친구 관계 때문에 힘들어질 일도 있고 학교 숙제가 버거워 한숨 내쉴 때도 있다.

지금으로부터 6년 전 나는 어떠했는가? 그만큼의 변화를 우리 아이들도 겪게 될 것이다. 이 변화의 파도 앞에서 초등학교 입학 전에 어떤 능력을 갖추었느냐 갖추지 못했느냐는 대단하지 않다. 1층에 살건 2층에 살건, 쓰나미 앞에서는 아무런 의미가 없다. <u>**입학 전 사교육으로 상당한 능력을 갖추게 되었다고 해도 결국은 아이의 특질이 관건이다.**</u> 다만 학교에서 좋은 성적을 거두는 아이로 커가기를 바란다면 3학년 시절에 좀 더 신경 써보기를 추천한다.

아이를 학교에 처음 보내는 부모들을 위한 6가지 조언

<u>**첫 번째, 학교는 익숙하다.**</u> 1학년 아이들 20여 명이 모여 생활하는

것은 쉬운 일이 아니다. 별별 일이 다 생긴다. 처음 겪는 부모는 당황스럽겠으나 학교는 매년 겪는 일이다.

두 번째, 스마트폰은 최대한 늦게 사야 한다. 스마트폰은 굳이 치러야 할 필요가 없는 전투로 아이와 부모를 이끈다. 스마트 기기 다루는 방법은 나중에 익혀도 충분하다. 스마트폰으로 익힐 수 있는 지식이 대단할 것 같지만 책으로 익히는 지식과 비교해서 더 나은지 확신할 수 없다. 스마트폰으로 얻게 되는 해악이 분명한데 굳이 스마트폰을 사주어 어려움을 자초할 이유는 없다.

세 번째, 아이의 말을 너무 믿지 마라. 아이는 생각보다 거짓말을 잘한다. 심지어 자신의 거짓말을 믿는 마음으로 거짓말을 하기도 한다. 행여라도 학교폭력에 휘말렸다면 아이의 말만 듣고 충격을 받기 전에 종합적인 상황을 파악하는 게 좋다.

네 번째, 학교폭력 신고는 신중히 하라. 학교폭력 신고 절차로 들어가기 전에 5번 이상 고민하는 게 좋다. 부모들끼리 해결을 보거나 담임교사와의 대화로 해결해보자. 억울하더라도 참거나 용서하는 게 오히려 현명할 정도로, 학교폭력 절차는 부모와 아이에게 생각 이상의 어려움을 안긴다.

다섯 번째, 생활 습관이 들지 않았다고 불안해하지 마라. 기본 생활 습관을 들일 필요는 있지만 걱정하지 않아도 결국 다 적응한다. 예를 들어, 1학년 남자아이는 소변기에 대변을 보기도 하지만 계속 그러지는 않는다.

여섯 번째, 이것 또한 다 지나간다. 별별 일이 다 있겠으나 결국은 다 지나갈 것이고 부모는 그만큼 나이를 먹는다. 아이들만 6년의 시간을 보내는 게 아니다. 부모도 지금 나이에 6을 더한 나이가 될 것이다. 지나가는 하루하루는 쓰든 달든 맵든 깨가 쏟아지든 다 소중하다.